Bibliografische Information der Deutschen Nationalbibliothek:

Die Deutsche Bibliothek verzeichnet diese Publikation in der Deutschen National-
bibliografie; detaillierte bibliografische Daten sind im Internet über http://dnb.d-
nb.de/ abrufbar.

Impressum:

Copyright © 2008 GRIN Verlag, Open Publishing GmbH
Druck und Bindung: Books on Demand GmbH, Norderstedt Germany
ISBN: 9783640293537

Dieses Buch bei GRIN:

http://www.grin.com/de/e-book/123773/gravitationswellen-grundlagen-entstehung-
und-detektion

Valentin Zauner

Gravitationswellen - Grundlagen, Entstehung und Detektion

GRIN Verlag

Bakkalaureatsarbeit

Gravitationswellen
Grundlagen, Entstehung und Detektion

Angefertigt

am INSTITUT FÜR THEORETISCHE PHYSIK der

von

VALENTIN ZAUNER

Graz, im April 2008

Inhaltsverzeichnis

Kurzfassung

Viele beeindruckende Phänomene und Experimente haben Einsteins Allgemeine Relativitäts-theorie bereits bestätigt. Eine der letzten großen Herausforderungen an die Experimental- und Detektorphysik in dieser Hinsicht ist heute der Nachweis einer der faszinierendsten Vorher-sagen Einsteins: den Gravitationswellen. Als Erschütterungen der Raumzeit, hervorgerufen durch extreme astrophysikalische Vorgänge, durchsetzen sie das gesamte Weltall und tragen bisher unzugängliche Informationen unseres Universums und seiner Entstehungsgeschichte mit sich. Trotz ambitionierter Projekte und genialem Forschergeist ist es jedoch bis heute nicht gelungen, diese minimalen Erschütterungen der Raumzeit aufzuspüren. Darum ist der Nach-weis von Gravitationsstrahlung ein viel versprechendes Feld der heutigen Gravitations- und Astrophysik, viele namhafte Größen haben sich deshalb der Suche nach Gravitationswellen verschrieben.

Das größte Hindernis auf diesem Weg stellt das minimale Ausmaß dieser Raumzeiterschütte-rungen dar. Um die erforderliche Sensitivität in Gravitationswellendetektoren zu erreichen, sind äußerst ausgefeilte Konzepte und Methoden, sowie präzise und genau verarbeitete Bau-teile aus Spezialmaterialien notwendig. Ein gelungener Nachweis von Gravitationswellen wäre eine exzellente Verbindung zwischen Theorie und Praxis, die der Wissenschaft völlig neue Einblicke in unser Universum ermöglichen könnte.

Auf den folgenden Seiten soll die - der Gravitationsstrahlung zugrunde liegende - Allgemeine Relativitätstheorie erläutert und beschrieben werden und daraus als Konsequenz die Existenz von Gravitationswellen gezeigt werden. Ebenso sollen Charakteristika und Eigenschaften sowie Quellen und Möglichkeiten des Nachweises angeführt werden.

Abschließend soll erwähnt werden, dass sämtliche Bestrebungen, Gravitationsstrahlung nachzuweisen, bis jetzt zwar erfolglos waren, dies jedoch nur auf die heute noch zu gerin-ge Sensitivität verwendeter Detektoren zurückzuführen ist. Viele dieser Detektoren werden in den nächsten Jahren aufgerüstet bzw. nach neuen Konzepten erst gebaut. Ein Erforschen des Universums mittels Gravitationswellen ist also noch Zukunftsmusik, liegt aber bereits in greifbarer Nähe.

Abstract

There have been many breathtaking phenomena and experiments that have proved Einstein's theory of general relativity. One of the greatest challenges for experimental and detector physics today regarding this is the proof of one of Einstein's most exciting predictions: gravitational waves. Caused by extreme astrophysical activities, they propagate throughout space as vibrations of spacetime itself and carry informations about our universe and its creation that are inaccessible for now. However, despite ambitious projects and scientific genius the detection of these tiny ripples in spacetime remains unsuccessful to this day. That's why detection of gravitational waves is a promising field of modern astro - and gravitation physics, many well known scientists have therefore devoted themselves to the search for gravitational waves.

The greatest obstacle is the tiny dimension of these spacetime vibrations. In order to achieve the necessary sensitivities in gravitational wave detectors, elaborate concepts and methods as well as precisely fabricated parts from special materials are necessary. A successful detection of gravitational waves would render an excellent connection between theory and practice, that would grant today's science completely novel insights into our universe.

Throughout the following pages the founding theory - general relativity - will be explained and described and as a consequence thereof, gravitational wave solutions will be introduced. Properties and features as well as possible sources and possible means of detection of gravitational radiation will be discussed too.

Conclusively it should be mentioned that all efforts in detecting gravitational radiation have been unsuccessful until now, but only due to the still lacking sensitivities of detectors in use. Many of these detectors will be upgraded in the coming years or are still to be built following new approaches and techniques. Hence, exploration of the universe by means of gravitational waves are still dreams of the future, but lie already within our grasp.

1 Einleitung

„Don't try to describe motion relative to faraway objects. *Physics is only simple when analyzed locally.* And locally the world line that a satellite follows [in spacetime, around the Earth] is already as straight as any world line can be. Forget all this talk about „deflection" and „force of gravitation". I'm inside a spaceship. Or I'm floating outside and near it. Do I feel any „force of gravitation"? Not at all. Does the spaceship „feel" such a force? No. Then why talk about it? Recognize that the spaceship and I traverse a region of spacetime free of all force. Acknowledge that the motion through that region is already ideally straight." [, Kap. 1.1.]

Ohne Zweifel stellt die *Allgemeine Relativitätstheorie* eine der elegantesten und revolutionärsten Theorien der Physik dar. Der entscheidende Schritt, Gravitation als etwas Fundamentaleres als eine bloße „Kraft", nämlich als Krümmung der Geometrie der Raumzeit aufzufassen, zog weitreichende interessante und faszinierende Konsequenzen nach sich. Bis heute sind zahlreiche beeindruckende Bestätigungen Einsteins wahrscheinlich bedeutsamster Leistung erfolgt, einige davon (Merkurpräzession, Rotverschiebung) wurden von ihm selbst vorgeschlagen.

Heute ist die Allgemeine Relativitätstheorie sowohl in der modernen Astrophysik als auch in unserem Alltag (z.B. relativistische Korrekturen in GPS - Signalen) bereits fest verankert.

Nach den Erkenntnissen der Allgemeinen Relativitätstheorie wurden viele faszinierende Phänomene und Folgerungen vorgeschlagen. Prominentestes Beispiel hierzu ist wohl das *Schwarze Loch*, auch bekannt sind der *Gravitationslinseneffekt*, die *Gravitationsrotverschiebung* und die gravitationsbedingte *Zeitdilatation*. Ein weniger bekanntes Phänomen, das aber bereits von Einstein selbst in seiner Originalpublikation vorgeschlagen wurde, sind *Gravitationswellen*. Sie stellen Erschütterungen der Raumzeit selbst dar. Wie die Kreise, die ein Stein, der ins Wasser fällt, zieht, so ist auch das Universum mit solchen „Kreisen" extremer astrophysikalischer Ereignisse wie Supernovae oder dem Verschmelzen zweier Schwarzer Löcher oder Neutronensterne erfüllt.

Wie elektromagnetische Strahlung ist Gravitationsstrahlung ebenfalls an kein Medium gebunden und bewegt sich mit Lichtgeschwindigkeit fort. Als Erschütterungen der Geometrie der Raumzeit selbst sind sie jedoch an keine Art der Wechselwirkung gebunden und können durch ihre geringe Kopplung beinahe alles ungehindert durchdringen.

Im Folgenden sollen die Grundlagen für die Beschreibung von Gravitationswellen, das mathematische Repertoire der Allgemeinen Relativitätstheorie, kurz erläutert werden. Im Weiteren soll die Wellenlösung aus der linearisierten Version der Einsteinschen Feldgleichung demonstriert werden und Eigenschaften wie Eichinvarianz, Transversalität und Polaristaionsrichtungen beschrieben werden. Fortsetzend werden dann Strahlungsnatur und mögliche Quellen von Gravitationsstrahlung und zu guter Letzt Möglichkeiten des Nachweises von Gravitationswellen behandelt.

2 Konventionen

Vor der Behandlung der mathematischen Grundlagen der Allgemeinen Relativitätstheorie sollen noch einige oft verwendete Konventionen erläutert werden.

2.1 Einheiten

Es ist weitgehend üblich, in der Allgemeinen Relativitätstheorie geometrische Einheiten mit $c = G = 1$ zu verwenden. Dabei bezeichnet c die Vakuumlichtgeschwindigkeit und G die Gravitationskonstante. In weiterer Folge werden diese Konstanten im Allgemeinen nicht geschrieben, es sei denn, es wird explizit darauf hingewiesen. Für Ergebnisse in *SI - Einheiten* müssen durch Dimensionsvergleiche die Konstanten

c und G wieder entsprechend eingefügt werden, welche folgende Größe und Dimension besitzen

$$c \;=\; 299\,792\,458 \; \frac{m}{s} \,,$$

$$G \;=\; 6.6726 \cdot 10^{-11} \; \frac{m^3}{kg\ s^2} \,.$$

2.2 Einsteinsche Summenkonvention

Da in der Allgemeinen Relativitätstheorie viel mit indexbehafteten tensoriellen Größen gearbeitet wird, wird meist die Einsteinsche Summenkonvention bemüht. Diese besagt, dass über doppelt vorkommende Indices automatisch summiert wird, ohne das Summenzeichen explizit anschreiben zu müssen

$$a^i b_i := \sum_{i=0}^{N} a^i b_i \,. \tag{2.1}$$

Dabei muss darauf geachtet werden, dass immer über jeweils einen *„oberen"* und einen *„unteren"* Index summiert wird. Tragen z.B. zwei obere Indices den gleichen Buchstaben, d.h. wird über zwei obere Indices summiert, liegt i.A. kein wohldefinierter Tensorausdruck vor bzw. es wurde irgendwo ein Fehler gemacht.

2.3 Indices

In der Allgemeinen Relativitätstheorie wird generell mit einer vierdimensionalen Raumzeit gearbeitet, welche eine Zeit- und 3 Raumkomponenten enthält. Um diese Komponenten zu indizieren, werden *griechische* Buchstaben als Indices verwendet, die von *0 bis 3* laufen. Ist nur von den Raumkomponenten die Rede, werden *lateinische* Buchstaben als Indices verwendet, sie laufen von *1 bis 3*

$$a^\mu \;\hat{=}\; \left(a^0, a^1, a^2, a^3\right) \;\Longleftrightarrow\; a^i \;\hat{=}\; \left(a^1, a^2, a^3\right) \,.$$

Im Speziellen wird ein allgemeiner Punkt der Raumzeit („Ereignis") in kartesischen Koordinaten als $x^\mu = (t, x, y, z)$ notiert ($c = 1$!), der rein räumliche Anteil lautet dann $x^i = (x, y, z)$.

2.4 Partielle Ableitungen

Als Schreibweise für die partielle Ableitung wird manchmal

$$\frac{\partial}{\partial x^\mu} =: \partial_\mu \tag{2.2}$$

verwendet. Wegen des aus der Kettenregel folgenden kovarianten Transformationsverhaltens der partiellen Ableitungen wird ein unterer Index verwendet.

2.5 Kroneckertensor

Die in der Differentialgeometrie verwendete Version des Kronecker - Deltas hat nun einen oberen und einen unteren Index und entspricht in dieser Form der Einheitsmatrix

$$\delta^\mu{}_\nu = \begin{cases} 1 & \text{für } \mu = \nu \\ 0 & \text{für } \mu \neq \nu \end{cases} \,. \tag{2.3}$$

Der Kroneckertensor bleibt in dieser Form unter beliebigen Koordinatentransformationen invariant.

3 Allgemeine Relativitätstheorie

Ausgangspunkt der Beschreibung von Gravitationswellen ist die *Einsteinsche Feldgleichung* der *Allgemeinen Relativitätstheorie*. Die *spezielle Relativitätstheorie* stellt zwar eine ausreichende Verbindung zwischen Mechanik und Elektromagnetismus her, kann aber Probleme wie die Gleichheit von schwerer Masse, die auf Gravitation reagiert und träger Masse, die angreifenden Kräften einen Widerstand entgegen stellt, oder die Frage, was ein Inertialsystem zu einem solchen macht, nicht lösen. Auch nimmt die Gravitation in der Newtonschen Mechanik eine Sonderstellung ein, da in der Gravitationsbeschleunigung nach Newton die träge Masse m_I des Körpers gemäß $\vec{F} = m_I\,\vec{a}_G$ nicht mehr auftritt. Es ist also eine *allgemeine Relativitätstheorie* notwendig, die aber zwangsweise die bereits bestätigte *spezielle Relativitätstheorie* enthalten muss. Bedeutende Grundlage zur Formulierung einer allgemeinen Relativitätstheorie ist das Einsteinsche Äquivalenzprinzip (siehe Abschnitt 3.10). Um nun das Problem der Inertialsysteme zu lösen, muss man sich von der Einschränkung durch Koordinatensysteme befreien. Dies führt zu einer vollständigen Beschreibung der Physik durch geometrische Objekte und einer kovarianten Formulierung durch tensorielle Größen. Es sollen im Folgenden die benötigten Begriffe und Elemente für die Konstruktion der Allgemeinen Relativitätstheorie und der Einsteinschen Feldgleichung eingeführt und kurz erläutert werden.

3.1 Mannigfaltigkeiten

Zur Beschreibung einer gekrümmten Raumzeit bedient man sich der Theorie differenzierbarer Mannigfaltigkeiten. Der ungekrümmte, euklidsche Raum $\mathbb{R}^n$ stellt einen Spezialfall einer Mannigfaltigkeit dar. Eine Mannigfaltigkeit soll nun komplizierte gekrümmte Topologien beschreiben, *„lokal jedoch euklidsch aussehen"*. Damit meint man eine Konstruktion von sich überdeckenden Abbildungen (*Karten*), die die gesamte Mannigfaltigkeit offen und eineindeutig auf den $\mathbb{R}^n$ abbilden, den sogenannten *Atlas*. Meistens benötigt man zum Abdecken einer Mannigfaltigkeit mehrere Karten, wie am Beispiel der zweidimensionalen Kugeloberfläche ersichtlich ist [, S. 59]. Die zweidimensionale Zylinderoberfläche hingegen ist mit einer einzigen Karte abdeckbar.

Die in der Allgemeine Relativitätstheorie verwendete vierdimensionale Raumzeit wird nun als vierdimensionale, beliebig gekrümmte Mannigfaltigkeit beschrieben, ein Punkt $\left(x^0, x^1, x^2, x^3\right)$ auf der Mannigfaltigkeit wird als *Ereignis* bezeichnet. Die Rolle der Gravitation übernimmt nun die Krümmung: Zwei Testkörper, die sich im *„freien Fall"* (d.h. kräftefrei) auf einer Geodäte[1] bewegen, können sich nun rein aufgrund der geometrischen Krümmung der Raumzeit aufeinander zu oder voneinander weg bewegen. Diese *relative Geodätenbeschleunigung* wird durch den von den Ableitungen des *metrischen Tensors* (Abschnitt 3.5) abhängigen *Riemanntensor* (Abschnitt 3.9) beschrieben.

Mehr zu Mannigfaltigkeiten in [, Kap. 9.7] [, Kap. 2.2] [, Kap. 3.2].

3.2 Vektoren

Auf Mannigfaltigkeiten ist es nun nicht mehr möglich, einen Vektor global zu definieren, er existiert vielmehr nur lokal an einem Punkt der Mannigfaltigkeit, im dort definierten *Tangentialraum* T_p, welcher alle möglichen Vektoren an diesem Punkt enthält. Man muss sich also von dem Begriff eines Vektors, der im betrachteten Raum frei verschiebbar ist und von einem Punkt zu einem anderen zeigt, verabschieden. Genauer identifiziert man den Raum der Richtungsableitungsoperatoren $\frac{d}{d\lambda}$ aller möglichen Kurven f durch einen Punkt p auf der Mannigfaltigkeit als den Tangentialraum T_p, λ ist dabei der Kurvenparameter. Als Basis des Tangentialraums T_p dienen z.B. die partiellen Ableitungen ∂_μ eines beliebigen Koordinatensystems. Die Richtungsableitungsoperatoren $\frac{d}{d\lambda}$ sind nun koordinatensystemunabhängig und können nach der Kettenregel in jedem beliebigen Koordinatensystem ausgedrückt werden

$$\frac{d}{d\lambda} = \frac{dx^\mu}{d\lambda}\partial_\mu \ . \tag{3.1}$$

---

[1]siehe 3.7

Der Vektor $\vec{V} = \frac{d}{d\lambda}$ hat also die Komponenten

$$V^\mu = \frac{dx^\mu}{d\lambda} \tag{3.2}$$

in der Basis ∂_μ. Da sich die partiellen Ableitungen bei einem Koordinatensystemwechsel nach der Kettenregel wie folgt kovariant transformieren

$$\frac{\partial}{\partial x'^\nu} = \frac{\partial x^\mu}{\partial x'^\nu} \frac{\partial}{\partial x^\mu} \ , \tag{3.3}$$

folgt aus der Bedingung, dass sich ein Vektor als abstraktes geometrisches Objekt unter Koordinatentransformation nicht ändern darf

$$\frac{d}{d\lambda} = V^\mu \partial_\mu \overset{!}{=} V'^\mu \partial'_\mu \ , \tag{3.4}$$

dass sich die Komponenten V^μ der Vektoren $\frac{dx^\mu}{d\lambda}\partial_\mu$ kontravariant transformieren

$$V'^\nu = \frac{dx'^\nu}{d\lambda} = \frac{\partial x'^\nu}{\partial x^\mu} \frac{dx^\mu}{d\lambda} = \frac{\partial x'^\nu}{\partial x^\mu} V^\mu \ , \tag{3.5}$$

da die Transformationsmatrizen $\frac{\partial x^\mu}{\partial x'^\nu}$ und $\frac{\partial x'^\nu}{\partial x^\mu}$ invers zueinander sind

$$\frac{\partial x^\mu}{\partial x'^\gamma} \frac{\partial x'^\gamma}{\partial x^\nu} = \delta^\mu{}_\nu = \mathbb{1} \ . \tag{3.6}$$

Üblicherweise lässt man bei der Darstellung eines Vektors V die Basisvektoren weg und spricht nur von den Komponenten V^μ in einem - völlig beliebigen - Koordinatensystem. Man beachte, dass Vektorkomponenten wegen ihres kontravarianten Transformationsverhaltens (3.5) stets mit *oberen* Indices notiert werden.

Mehr zu Vektoren in [, Kap. 9.2] [, Kap. 1.4,2.3].

3.3 Dualvektoren

Zu jedem Vektorraum $\mathbb{V}^n$ kann man nun den dazugehörigen *Dualraum* $^*\mathbb{V}^n$ definieren, der dieselbe Dimension besitzt. Er enthält nun alle möglichen linearen Abbildungen ω, die den betrachteten Vektorraum auf die reellen Zahlen abbilden ($\omega : \mathbb{V} \mapsto \mathbb{R}$). Dualvektoren fungieren also als Abbildungen normaler Vektoren auf die reellen Zahlen. Sie können ebenfalls als Summe ihrer Komponenten in einer - beliebigen - Basis und ihrer Basisvektoren geschrieben werden. Als Basisdualvektoren ergeben sich die Koordinatendifferentiale dx^μ, indem man

$$\vec{\Theta}^{(\mu)} \left(\vec{e}_{(\nu)} \right) = \delta^\mu{}_\nu \tag{3.7}$$

fordert, mit $\vec{\Theta}^{(\mu)}$ den Basisdualvektoren (nicht deren Komponenten) des Dualraumes $^*\mathbb{V}^n$ und $\vec{e}_{(\nu)}$ den bereits bekannten Basisvektoren ∂_μ des Vektorraumes $\mathbb{V}^n$. Für allgemeine Differentiale gilt in einem allgemeinen Koordinatensystem mit den Koordinatenfunktionen x^μ (siehe (3.12)) laut Kettenregel

$$df = \frac{\partial f}{\partial x^\mu} dx^\mu \ . \tag{3.8}$$

Mit den Koordinatendifferentialen dx^μ als $\vec{\Theta}^{(\mu)}$ ergibt Gleichung (3.7) dann wie gefordert

$$dx^\mu \left(\partial_\nu \right) =: \frac{\partial x^\mu}{\partial x^\nu} = \delta^\mu{}_\nu \ . \tag{3.9}$$

Genau wie bei Vektoren schreibt man üblicherweise nur die Komponenten ω_μ eines Dualvektors, und lässt wieder die Basis weg.

Lässt man nun einen Dualvektor auf einen Vektor wirken, erhält man ein Skalar, das unter Koordinatentransformationen invariant sein soll

$$\omega\left(V\right) \overset{(3.7)}{=} \omega_\mu V^\mu = V^\mu \omega_\mu \overset{a.}{=} V\left(\omega\right) \in \mathbb{R} . \tag{3.10}$$

Aus dieser Forderung ergibt sich das kovariante Transformationsverhalten der Dualvektorkomponeten ω_μ und der Basisdualvektoren dx^μ (die bereits bekannte Kettenregel)

$$\omega'_\nu = \frac{\partial x^\mu}{\partial x'^\nu}\omega_\mu , \tag{3.11}$$

$$dx'^\nu = \frac{\partial x'^\nu}{\partial x^\mu}dx^\mu . \tag{3.12}$$

Mehr zu Dualvektoren in [, Kap. 9.4] [, Kap. 1.5,2.4].

3.4 Tensoren

Tensoren stellen eine Verallgemeinerung von Vektoren und Dualvektoren dar. Ein Tensor vom Rang (k,l) ist als multilineare Abbildung von k verschiedenen Dualvektoren und l verschiedenen Vektoren auf $\mathbb{R}$ definiert, d.h. der Tensor fungiert wie ein „k - facher Vektor" und ein „l - facher Dualvektor". Der Tensor ist dann von $(k+l)$. Stufe

$$P = \mathbf{T}\left(\omega_{(1)}, \ldots, \omega_{(l)}, V^{(1)}, \ldots, V^{(k)}\right) \in \mathbb{R} . \tag{3.13}$$

Tensoren lassen sich ebenfalls mittels ihrer Komponenten und Basistensoren schreiben. Dafür führt man das sogenannte *Tensorprodukt* ein

$$\mathbf{T} = T^{\mu_1\ldots\mu_k}{}_{\nu_1\ldots\nu_l}\left(\vec{e}_{(\mu_1)} \otimes \ldots \otimes \vec{e}_{(\mu_k)} \otimes \vec{\Theta}^{(\nu_1)} \otimes \ldots \otimes \vec{\Theta}^{(\nu_l)}\right) . \tag{3.14}$$

Dabei wird über alle μ_i und ν_i summiert und es ergeben sich n^{l+k} Summanden und damit auch n^{l+k} Komponenten $T^{\mu_1\ldots\mu_k}{}_{\nu_1\ldots\nu_l}$ des Tensors $\mathbf{T}$ mit n der Dimension der betrachteten Mannigfaltigkeit. Lässt man nun einen Tensor $\mathbf{T}$ von Rang (k,l) auf k Dualvektoren und l Vektoren wirken, so wirken die Basisvektoren bzw. Basisdualvektoren im Tensorprodukt gemäß ihrer Reihenfolge auf den enstprechenden Dualvektor bzw. Vektor. Es ergibt sich dann in einfacher Indexschreibweise über (3.7) aus (3.13)

$$P = T^{\mu_1\ldots\mu_k}{}_{\nu_1\ldots\nu_l}\omega_{\mu_1} \ldots \omega_{\mu_k} V^{\nu_1} \ldots V^{\nu_k} \in \mathbb{R} , \tag{3.15}$$

da sich durch die Summation über alle μ_i und ν_i ein Skalar ergibt.

Aus der Forderung der Transformationivarianz des erhaltenen Skalars P ergibt sich über die Transformationen der Dualvektoren und Vektoren das Transformationsverhalten der Tensorkomponenten

$$T'^{\mu_1\ldots\mu_k}{}_{\nu_1\ldots\nu_l} = \frac{\partial x'^{\mu_1}}{\partial x^{\gamma_1}} \ldots \frac{\partial x'^{\mu_k}}{\partial x^{\gamma_k}} \frac{\partial x^{\lambda_1}}{\partial x'^{\nu_1}} \ldots \frac{\partial x^{\lambda_l}}{\partial x'^{\nu_l}} T'^{\gamma_1\ldots\gamma_k}{}_{\lambda_1\ldots\lambda_l} , \tag{3.16}$$

oder als konkretes Beispiel für einen $(2,1)$ - Tensor

$$T'^{\mu\nu}{}_\lambda = \frac{\partial x'^\mu}{\partial x^\alpha} \frac{\partial x'^\nu}{\partial x^\beta} \frac{\partial x^\gamma}{\partial x'^\lambda} T^{\alpha\beta}{}_\gamma . \tag{3.17}$$

Das heißt also, dass die oberen Indices eines Tensors kontravariant wie ein Vektor und die unteren Indices kovariant wie ein Dualvektor transformieren. Analog zu Vektoren und Dualvektoren schreibt man nur die Tensorkomponenten.

Vektoren und Dualvektoren sind dann Tensoren 1. Stufe, ein Vektor ist ein $(1,0)$ - Tensor, ein Dualvektor ein $(0,1)$ - Tensor. Skalare entsprechen Tensoren 0. Stufe und bleiben bei Koordinatentranformationen invariant

$$P' = P . \tag{3.18}$$

Matrizen werden auf Vektoren angewandt und ergeben wieder einen Vektor, sie entsprechen also $(1,1)$ - Tensoren

$$X^\mu = T^\mu{}_\nu Y^\nu \ . \tag{3.19}$$

Multipliziert man nun Vektoren, Dualvektoren und/oder Tensoren höherer Stufe miteinander, so ergeben sich durch diese *Tensormultiplikation* wieder Tensoren, z.B.

$$S^{\mu\nu\lambda}{}_\sigma := T^{\mu\nu} R^\lambda{}_\sigma \ . \tag{3.20}$$

Sind **T** und **R** Tensoren, so handelt es sich bei **S** ebenfalls um einen wohldefinierten Tensor.

Setzt man nun zwei Indices eines Tensors k. Stufe gleich, so ergibt sich durch *Verjüngung* ein Tensor $(k-2)$. Stufe

$$S^{\mu\nu}{}_{\gamma\nu} = T^\mu{}_\nu \ , \tag{3.21}$$

dabei wurde über den Index ν summiert, welcher im rechten Ausdruck dann nicht mehr vorkommt. Es kann nur immer jeweils über einen *oberen und einen unteren Index* verjüngt werden, um wieder einen Tensor von $(k-2)$. Stufe zu erhalten. Setzt man in dem Transformationsgesetz (3.16) einen oberen und unteren Index gleich, kann man zeigen, dass sich dann wegen (3.9) ein wohldefinierter Tensor von $(k-2)$. Stufe ergibt [, S. 39]. Ein Spezialfall stellt die Verjüngung eines $(1,1)$ - Tensors dar, es ergibt sich die Spur der betrachteten Matrix, also ein Skalar als Tensor 0. Stufe.

Mittels *Tensormultiplikation* und *Verjüngung* kann man nun Indices von Tensoren „herauf - und herunterziehen“. Dazu benötigt man jeweils einen symmetrischen $(2,0)$ - und $(0,2)$ - Tensor $g_{\mu\nu}$ und $g^{\mu\nu}$, die invers zueinander sind[2]

$$g^{\mu\nu} g_{\nu\lambda} = \delta^\mu{}_\lambda \ . \tag{3.22}$$

Multipliziert man dann einen Tensor $T^{\mu\lambda}$ mit $g_{\mu\nu}$ ergibt sich

$$g_{\mu\nu} T^{\nu\lambda} =: T_\mu{}^\lambda \ . \tag{3.23}$$

Der Tensor $T_\mu{}^\lambda$ korrespondiert nun über den *Fundamentaltensor* $g_{\mu\nu}$ zu $T^{\mu\lambda}$, ist aber im Grunde ein anderer - nämlich ein $(1,1)$ - Tensor. Genauso kann man nun mit $g^{\mu\nu}$ Indices hinaufziehen. Zieht man einen Index zuerst hinunter und dann wieder hinauf, so ergibt sich wegen (3.22) wie gefordert wieder derselbe Tensor.

Mehr zu Tensoren in [, Kap. 9.5] [, Kap. 1.6,2.4] [, Kap. 3.6].

3.5 Der Metrische Tensor

Der Metrische Tensor stellt eine zentrale Größe in der Allgemeinen Relativitätstheorie dar, alle später hier eingeführten Größen/Tensoren werden in gewisser Weise von der Metrik abhängen. Die Metrik erlaubt es, Entfernungen und Längen auf einer Mannigfaltigkeit anzugeben. Sie ersetzt das herkömmliche *Skalarprodukt* des euklidschen Raums, wo die Metrik einfach der Einheitsmatrix entspricht.

Die Metrik erlaubt es nun, das infinitesimale Ereignisintervall ds zwischen zwei Ereignissen x^μ und $x^\mu + dx^\mu$ zu berechnen. Beschreibt man nun die kartesischen Koordinaten x^μ der Ereignisse als Funktionen eines beliebigen anderen Koordinatensystems x'^μ, also

$$x^\mu = x^\mu \left(x'^\nu \right) \ ,$$

so kann man das Intervall zunächst in euklidscher Geometrie als

$$ds^2 \ = \ \sum_{\mu=0}^{3} (dx^\mu)^2 \overset{a.}{=} \delta_{\mu\nu} dx^\mu dx^\nu \ , \tag{3.24}$$

$$\delta_{\mu\nu} \ = \ \begin{cases} 1 & \text{für } \mu = \nu \\ 0 & \text{für } \mu \neq \nu \end{cases} \tag{3.25}$$

---

[2]Dies fordert man, um nach dem Herauf- und Herunterziehen desselben Indexes wieder denselben Tensor zu erhalten.

beschreiben. Die Differenziale dx^μ kann man dann durch das andere Koordinatensystem durch Transformation nach (3.12) ausdrücken und erhält nach Einsetzen in (3.24) nach kurzer Rechnung

$$ds'^2 \;=\; g_{\mu\nu}dx'^\mu dx'^\nu = ds^2 \;, \tag{3.26}$$

$$g_{\mu\nu} \;=\; \sum_{\lambda=0}^{3} \frac{\partial x^\lambda}{\partial x'^\mu}\frac{\partial x^\lambda}{\partial x'^\nu} = \delta_{\rho\sigma}\frac{\partial x^\rho}{\partial x'^\mu}\frac{\partial x^\sigma}{\partial x'^\nu} \;. \tag{3.27}$$

Die Größe $g_{\mu\nu}$ wird nun als metrischer Tensor identifiziert. In der Darstellung von ds^2 in kartesischen Koordinaten (3.24) sieht man, dass $g_{\mu\nu} \equiv \delta_{\mu\nu}$, dass also die Metrik hier der Einheitsmatrix entspricht. In (3.26) ist $g_{\mu\nu}$ laut (3.27) ein allgemeiner, von den Koordinatenfunktionen $x^\mu\,(x'^\nu)$ abhängiger, symmetrischer $(0,2)$ - Tensor. Die Metrik kann nur in flachen Räumen in globalen kartesischen Koordinaten dargestellt werden. Auf allgemeinen, gekrümmten Mannigfaltigkeiten ist dieser Zugang nicht möglich, da es kein globales Inertialsystem gibt, mit dem die gesamte Mannigfaltigkeit abgedeckt werden kann. Stellt (3.27) im euklidschen Raum nur eine komplizierte Schreibweise von (3.26) dar, so stellt der metrische Tensor als abstraktes geometrisches Gebilde dann die Verallgemeinerung des eben genannten Zugangs auf gekrümmte Mannigfaltigkeiten dar.

Die Metrik berechnet also die *Länge* bzw. *Norm* des infinitesimalen Ereignisintervalls ds^2, das als allgemeines *Skalarprodukt* des Intervalls dx^μ mit sich selbst interpretiert werden kann. Wie üblich wird das Quadrat der Norm eines Vektors als das Skalarprodukt mit sich selbst definiert, mit der Metrik lassen sich dann auch Normen beliebiger Vektoren V^μ berechnen

$$\|V\|^2 = \mathbf{g}\,(V,V) = g_{\mu\nu}V^\mu V^\nu \;. \tag{3.28}$$

Ebenso kann man das allgemeine Skalarprodukt über die Metrik ausdrücken

$$X \cdot Y = \mathbf{g}\,(X,Y) = g_{\mu\nu}X^\mu Y^\nu \;. \tag{3.29}$$

Diese zwei Vektoren müssen allerdings an demselben Punkt der Mannigfaltigkeit definiert sein. Wie üblich nennt man zwei Vektoren orthogonal zueinander, wenn ihr Skalarprodukt verschwindet.

Grundsätzlich induziert jeder symmetrische $(0,2)$ - Tensor eine Metrik und dadurch auch eine damit verbundene Topologie. Meist fordert man noch, dass die Determinante $g := |g_{\mu\nu}|$ nicht verschwindet, um eine inverse Metrik definieren zu können, die sich aus Forderung (3.22)

$$g^{\sigma\mu}g_{\mu\nu} \overset{!}{=} \delta^\sigma{}_\nu \tag{3.30}$$

ergibt und im Grunde einer Invertierung der Matrix $g_{\mu\nu}$ entspricht. Aus der Symmetrie der Metrik folgt auch die Symmetrie der inversen Metrik. Mit diesen Eigenschaften kann man nun die Metrik verwenden, um Indices herauf- bzw. herunterzuziehen. Von diesem Standpunkt aus kann man (3.26) auch umschreiben

$$ds^2 = g_{\mu\nu}dx'^\mu dx'^\nu \overset{(3.23)}{=} dx'_\mu dx'^\mu = dx'^\mu dx'_\mu = g^{\mu\nu}dx'_\mu dx'_\nu \;, \tag{3.31}$$

dabei wurde die Symmetrie von $g^{\mu\nu}$ ausgenutzt.

Die *spezielle Relativitätstheorie* benutzt die vierdimensionale, flache *Minkovskimetrik*

$$\eta_{\mu\nu} = \mathrm{diag}\,(-1,1,1,1) = \begin{pmatrix} -1 & 0 & 0 & 0 \\ 0 & 1 & 0 & 0 \\ 0 & 0 & 1 & 0 \\ 0 & 0 & 0 & 1 \end{pmatrix} \;, \tag{3.32}$$

wobei auch umgekehrte Vorzeichengebung möglich ist. Für das Wegelement ds^2 ergibt sich also

$$ds^2 = \eta_{\mu\nu}dx^\mu dx^\nu = -dt^2 + dx^2 + dy^2 + dz^2 \;, \tag{3.33}$$

mit $x^\mu = (t,x,y,z)$ bzw. $dx^\mu = (dt,dx,dy,dz)$ und $c = 1$.

Die Metrik des $\mathbb{R}^3$ in Kugelkoordinaten lautet z.B.

$$ds^2 \;=\; dr^2 + r^2 d\theta^2 + r^2 \sin^2\theta d\varphi^2 \tag{3.34}$$

$$g_{\mu\nu} \;=\; \begin{pmatrix} 1 & 0 & 0 \\ 0 & r^2 & 0 \\ 0 & 0 & r^2\sin^2\theta \end{pmatrix} \;. \tag{3.35}$$

Die Metrik enthält hier zwar nicht mehr nur Einsen, die Topologie des betrachteten Raumes bleibt aber dieselbe. Wie man sieht, ergibt sich jedoch ein Problem für die inverse Metrik an den Punkten $r = 0$ oder $\theta = 0, \pi$, da dort die Determinante $g = 0$ ist, bei diesen Punkten handelt es sich also um einen singuläre Punkte dieses speziellen Koordinatensystems!

Aus der Allgemeinheit der Metrik $g_{\mu\nu}$ folgt nicht mehr $ds^2 > 0$, d.h. es sind auch Intervalle $ds^2 \leq 0$ möglich, was im euklidschen Raum nicht möglich ist. In diesem Falle ist die Metrik *indefinit*, wenn sie auch negative Eigenwerte besitzt. In der vierdimensionalen Raumzeit der Allgemeinen Relativitätstheorie unterscheidet man nun Intervalle folgendermaßen nach ihrem Vorzeichen:

$ds^2 < 0$: zeitartig, das Intervall ist Teil einer Weltlinie eines Masseteilchens und befindet sich innerhalb des Lichtkegels.

$ds^2 = 0$: lichtartig, das Intervall liegt auf einer Trajektorie eines Photons, das sich mit Lichtgeschwindigkeit bewegt und befindet sich damit auf dem Lichtkegel selbst. Allgemein sind Vektoren, deren Norm verschwindet, zu sich selbst orthogonal.

$ds^2 > 0$: raumartig, das Intervall separiert zwei Ereignisse, die kausal nicht miteinander in Verbindung stehen können, man spricht dann vom Eigenabstand der 2 Ereignisse.

Für zeitartige Intervalle definiert man dann die sogenannte *Eigenzeit* als

$$d\tau^2 := -ds^2 = -g_{\mu\nu}dx^\mu dx^\nu \tag{3.36}$$

mit $c = 1$. Sie ist dann für zeitartige Intervalle immer positiv. Sie beschreibt die für einen Beobachter, der sich auf einer parametrisierten Kurve $x^\mu(\lambda)$ zwischen den beiden Ereignissen bewegt, verstrichene Zeit. Auf der parametrisierten Kurve gilt dann mit $dx^\mu = \frac{dx^\mu}{d\lambda}d\lambda$

$$d\tau^2 = -g_{\mu\nu}\frac{dx^\mu}{d\lambda}\frac{dx^\nu}{d\lambda}d\lambda^2 \;. \tag{3.37}$$

Die verstrichene Eigenzeit zwischen zwei Ereignissen A & B ist dann

$$\tau_{AB} = \int_A^B \sqrt{-g_{\mu\nu}\frac{dx^\mu}{d\lambda}\frac{dx^\nu}{d\lambda}}d\lambda \;. \tag{3.38}$$

Eine geometrische Veranschaulichung der Metrik wird in [, S. 42] diskutiert, in der die kovarianten und kontravarianten Komponenten eines Vektors im $\mathbb{R}^3$ untersucht werden. Aus dieser Betrachtung gewinnt man ebenfalls den Zusammenhang zwischen den Einheitsvektoren des verwendeten Koordinatensystems und des metrischen Tensors

$$g_{ij}(\vec{r}) = \vec{e}_i(\vec{r}) \cdot \vec{e}_j(\vec{r}) \;. \tag{3.39}$$

Dies entspricht allgemein der Methode, um die Komponenten eines Tensors zu bestimmen

$$\begin{aligned} g_{\mu\nu} \;&=\; \mathbf{g}\left(\vec{e}_{(\mu)}, \vec{e}_{(\nu)}\right) = \vec{e}_{(\mu)} \cdot \vec{e}_{(\nu)} \tag{3.40} \\ &\overset{a.}{=}\; g_{\sigma\rho}\vec{\Theta}^{(\sigma)}\left(\vec{e}_{(\mu)}\right)\vec{\Theta}^{(\rho)}\left(\vec{e}_{(\nu)}\right) \\ &=\; g_{\sigma\rho}\delta^\sigma{}_\mu \delta^\rho{}_\nu = g_{\mu\nu} \;. \tag{3.41} \end{aligned}$$

Aus der Metrik und ihren Ableitungen sind alle geometrischen Informationen der betrachteten Mannigfaltigkeit zu gewinnen.

Mehr zum metrischen Tensor in [, Kap. 13.2] [, Kap. 2.5].

3.6 Die Vernetzung

Um die Krümmung auf Mannigfaltigkeiten untersuchen zu können, müssen Vektoren aus unterschiedlichen Tangentialräumen der Mannigfaltigkeit miteinander verglichen werden. Dazu benötigt man ein Werkzeug, das den einen Vektor in den Punkt bzw. Tangentialraum des anderen *„parallel transportiert"* und dabei Effekte der Veränderung der lokalen Basisvektoren eliminiert, sodass die beiden Vektoren vergleichbar werden. Es kann sich hier sowohl um Auswirkungen der Krümmung der betrachteten Mannigfaltigkeit, als auch um die bloße Ortsabhängigkeit der Basisvektoren in krummlinigen Koordinatensystemen handeln. Die Größen, die die benötigte Vergleichbarkeit ermöglichen werden, heißen *Vernetzungen*. Ein Spezialfall einer Vernetzung werden die in der Allgemeinen Relativitätstheorie generell verwendeten *Christoffelvernetzungen* sein. Vernetzungen haben per Definition keinen tensoriellen Charakter, da sie nichttensorielle Effekte ausgleichen müssen.

Um die Vernetzungssymbole zu erhalten, wird ein Vektorfeld V^μ untersucht, das in einem bestimmten Koordinatensystem x^μ überall konstant ist. Bei einer Verschiebung entlang einer parametrisierten Kurve $x^\mu(s)$ ändert sich der Vektor V^μ nicht, $\frac{dV^\mu}{ds}$ verschwindet dann in diesem Koordinatensystem. Transformiert man aber in ein anderes Koordinatensystem, muss $\frac{dV'^\mu}{ds}$ dann im Allgemeinen nicht verschwinden. Betrachtet wird die Transformation des Vektors V^μ

$$V'^\mu = \frac{\partial x'^\mu}{\partial x^\nu} V^\nu \ . \tag{3.42}$$

Die Änderung $\frac{dV'^\mu}{ds}$ lautet dann wegen $\frac{dV^\mu}{ds} = 0$

$$\frac{dV'^\mu}{ds} = \frac{\partial^2 x'^\mu}{\partial x^\alpha \partial x^\beta} \frac{dx^\beta}{ds} V^\alpha \ . \tag{3.43}$$

Transformiert man nun V^α und $\frac{dx^\beta}{ds}$, um alles im gestrichenen Koordinatensystem auszudrücken, erhält man

$$\frac{dV'^\mu}{ds} = \underbrace{\frac{\partial^2 x'^\mu}{\partial x^\alpha \partial x^\beta} \frac{\partial x^\alpha}{\partial x'^\nu} \frac{\partial x^\beta}{\partial x'^\lambda}}_{=:-\Gamma'^\mu_{\nu\lambda}} \frac{dx'^\lambda}{ds} V'^\nu \ , \tag{3.44}$$

$$\Gamma'^\mu_{\nu\lambda} = -\frac{\partial^2 x'^\mu}{\partial x^\alpha \partial x^\beta} \frac{\partial x^\alpha}{\partial x'^\nu} \frac{\partial x^\beta}{\partial x'^\lambda} \ , \tag{3.45}$$

$$\frac{dV'^\mu}{ds} = -\Gamma'^\mu_{\nu\lambda} V'^\nu \frac{dx'^\lambda}{ds} \ , \tag{3.46}$$

$$dV'^\mu = -\Gamma'^\mu_{\nu\lambda} V'^\nu dx'^\lambda \ . \tag{3.47}$$

Man identifiziert das $\Gamma'^\mu_{\nu\lambda}$ als Vernetzungssymbol, das Minuszeichen ist Konvention. Dieses Verschiebungsgesetz gilt wegen seiner Kovarianz ganz allgemein in allen Koordinatensystemen und beschreibt den sogenannten *Paralleltransport*, also die Korrektur des Einflusses sich verändernder Basisvektoren beim Verschieben eines Vektors in einen anderen Punkt bzw. Tangentialraum. Die verursachte infinitesimale Änderung des Vektorfeldes dV'^μ entlang einer Kurve ist also ganz allgemein abhängig von den Tangentendifferentialen dx'^μ entlang der Kurve und dem Vektor V'^μ selbst. Gleichung (3.47) beschreibt ganz allgemein die Veränderung des Vektors V'^μ um dV'^μ bei einer Verschiebung von einem Punkt x'^μ zu einem Punkt $x'^\mu + dx'^\mu$.

Die Vernetzungssymbole transformieren nun wie folgt

$$\Gamma'^\mu_{\nu\lambda} = \underbrace{\frac{\partial x'^\mu}{\partial x^\alpha} \frac{\partial x^\beta}{\partial x'^\nu} \frac{\partial x^\gamma}{\partial x'^\lambda} \Gamma^\alpha_{\beta\gamma}}_{\text{tensorieller Anteil}} + \underbrace{\frac{\partial^2 x'^\mu}{\partial x^\rho \partial x^\sigma} \frac{\partial x^\rho}{\partial x'^\nu} \frac{\partial x^\sigma}{\partial x'^\lambda}}_{\text{nichttensorieller Anteil}} \ . \tag{3.48}$$

Die Differenz zweier verschiedener Vernetzungen ist ein wohldefinierter Tensor, da sich die nichttensoriellen Anteile, die nicht von den jeweiligen Vernetzungen abhängen, wegheben. Speziell den Tensor

$$T^\mu{}_{\nu\lambda} := \Gamma^\mu_{\nu\lambda} - \Gamma^\mu_{\lambda\nu} \tag{3.49}$$

nennt man Torsionstensor. Der Torsionstensor verschwindet, wenn die Vernetzung torsionsfrei ist bzw. in den unteren beiden Indices symmetrisch ist. In der Allgemeinen Relativitätstheorie wird die Torsionsfreiheit der Raumzeit angenommen. Sie ist Vorraussetzung dafür, dass es in jedem Punkt ein spezielles Koordinatensystem gibt, in dem ein Vektorfeld bei infinitesimaler Verschiebung nach (3.47) unverändert bleibt [, S. 51].

Um letztenendes zu den *Christoffelvernetzungen* zu kommen, fordert man, dass das Skalarprodukt zweier Vektoren bei einer Verschiebung entlang einer Kurve unverändert bleibt

$$\frac{d}{ds}\left(g_{\mu\nu}X^{\mu}Y^{\nu}\right) \overset{!}{=} 0 \; . \tag{3.50}$$

Daraus ergibt sich nach einigen Rechenschritten [, S.53] als Vorschrift für die Vernetzungssymbole

$$\boxed{\Gamma^{\sigma}_{\mu\nu} = \frac{1}{2}g^{\sigma\lambda}\left(\partial_{\mu}g_{\lambda\nu} + \partial_{\nu}g_{\mu\lambda} - \partial_{\lambda}g_{\mu\nu}\right) \; .} \tag{3.51}$$

Aus dieser Beziehung folgt sofort die Symmetrie in den beiden unteren Indices und daher Torsionsfreiheit der Christoffelvernetzungen.

Grundsätzlich kann ein beliebiges Vektorfeld an jedem Punkt der Mannigfaltigkeit in seiner kovarianten, kontravarianten und lokal euklidschen Basis dargestellt werden. Die kovariante und kontravariante Basis kann durch lokale Basistransformation der lokalen euklidschen Basis erhalten werden. Die Christoffelvernetzungen beschreiben dann die Richtungsableitungen der Basisvektoren entlang der lokalen Basis.

Im euklidschen Raum in kartesischen Koordinaten verschwinden alle Christoffelvernetzungen identisch, das muss in einem anderen Koordinatensystem aber nicht mehr der Fall sein. Die nichtverschwindenden Christoffelvernetzungen in Polarkoordinaten lauten z.B.

$$\begin{aligned} \Gamma^{r}_{\varphi\varphi} &= -r \; , \\ \Gamma^{\varphi}_{r\varphi} &= \Gamma^{\varphi}_{\varphi r} = r^{-1} \; . \end{aligned}$$

Das heißt, dass man aus den Christoffelvernetzungen allein keine Aussage über die Krümmung einer Mannigfaltigkeit treffen kann, da es selbst im flachen euklidschen Raum Koordinatensysteme gibt, in denen die Christoffelvernetzungen nicht verschwinden. Umgekehrt kann man aus dem Verschwinden der Christoffelvernetzungen auch nicht auf eine flache Mannigfaltigkeit schließen. Man kann zwar immer ein Koordinatensystem finden, in dem die Christoffelvernetzungen an einem Punkt verschwinden[3], für alle Punkte geht das jedoch im Allgemeinen nicht. Ein besseres Werkzeug zur Charakterisierung der Krümmung einer Mannigfaltigkeit stellt der *Riemannsche Krümmungstensor* (Abschnitt 3.9) dar.

Mehr zu Vernetzungen und den Christoffelsymbolen in [, Kap. 10.4] [, Kap. 3.2] [, Kap. 3.7.2].

3.7 Geodäten

Geodäten stellen die Verallgemeinerung einer „*geraden Linie*" im euklidschen Raum dar. Dort ist die gerade Linie gerade die kürzeste Verbindung zwischen 2 Punkten. Sie hat auch die Eigenschaft, dass ihr Tangentenvektor zu sich selbst parallel bleibt, wenn er entlang der Linie verschoben wird. Auf gekrümmten Mannigfaltigkeiten ist der Begriff einer geraden Linie nicht mehr sinnvoll. Um die kürzeste Verbindung zwischen zwei Punkten zu erhalten, fordert man nun von der zu bestimmenden parametrisierten Kurve $x'^{\mu}(s)$, dass sie ihren eigenen Tangentenvektor „*parallel transportiert*", d.h. man verwendet genau (3.46) und setzt $V'^{\mu} = \frac{dx'^{\mu}}{ds}$, also gleich dem Tangentenvektor der Kurve und erhält die *Geodätengleichung*

$$\boxed{\frac{d^{2}x'^{\mu}}{ds^{2}} + \Gamma^{\mu}_{\nu\lambda}\frac{dx'^{\nu}}{ds}\frac{dx'^{\lambda}}{ds} = 0 \; .} \tag{3.52}$$

---

[3]Diese Tatsache entspricht der Definition, dass jeder Punkt einer Mannigfaltigkeit lokal euklidsch aussehen soll (Abschnitt 3.1) bzw. die Metrik lokal der Minkovskimetrik (3.32) entspricht.

Lösungen dieser Gleichung sind Kurven, die ihren eigenen Tangentialvektor parallel transportieren. Solche Kurven nennt man dann Geodäten. Der Kurvenparameter s ist nur bis auf einen konstanten Faktor bestimmt. Weiters kann durch jeden Punkt mit gegebener Tangente nur eine einzige Geodäte gezogen werden, so kann der ganze Raum aus einer Schar von Geodäten aufgespannt werden, welche sich nie schneiden.

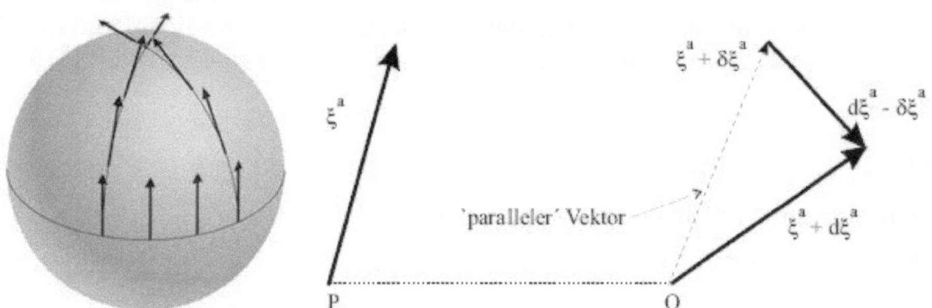

Abbildung 1: Verschiebung eines Vektors entlang einer Kurve auf einer Mannigfaltigkeit. <u>links:</u> Der Paralleltransport eines Vektors hängt entscheidend vom Weg ab. Nur entlang eines Großkreises der Kugeloberfläche bleibt der Vektor nach einem Umlauf gleich [, S. 104]. <u>rechts:</u> Parallelverschiebung eines Vektors entlang einer Kurve [ ]

Die Geodätengleichung lässt sich auch aus einer Variation bzw. Maximierung der Eigenzeit τ nach (3.38) gewinnen [, S. 106]. Das heißt, dass Geodäten Verbindungen maximaler Eigenzeit zwischen zwei Punkten darstellen. Freie Masseteilchen, auf die keine Kräfte wirken[4], bewegen sich nun auf Geodäten durch die Raumzeit. Ist die Geodäte nun mit der Eigenzeit parametrisiert, wird die Vierergeschwindigkeit $U^\mu = \frac{dx^\mu}{d\tau}$ paralleltransportiert. Die Geodätengleichung kann man als Verallgemeinerung des Newtonschen Gesetzes $\vec{F} = m\vec{a}$ betrachten, (3.52) stellt also den kräftefreien Fall dar. Man kann im Falle von einwirkenden Kräften noch Kraftterme auf der rechten Seite von (3.52) hinzufügen [, S. 108].

Mehr zu Geodäten in [, Kap. 10.1, 10.5] [, Kap. 3.3] [, Kap. 3.7.5].

3.8 Die Kovariante Ableitung

Das Problem der Differenzierung auf gekrümmten Mannigfaltigkeiten besteht darin, dass durch die Bildung des Differentialquotienten per Definition 2 Vektoren an unterschiedlichen Punkten miteinander verglichen werden. Um die Effekte der Krümmung auszugleichen, muss nun einer der beiden Vektoren in den Tangentialraum des anderen parallelverschoben werden, um eine korrekte Ableitung zu gewährleisten.

Betrachtet man die Transformation der normalen partiellen Ableitung eines Vektorfeldes, findet man analog zu den Vernetzungssymbolen einen nichttensoriellen Anteil

$$\begin{aligned}
\partial_\nu V^\mu &= \partial_\nu x'^\lambda \partial'_\lambda \left(\partial'_\sigma x^\mu V'^\sigma \right) \\
&= \underbrace{\partial_\nu x'^\lambda \partial'_\sigma x^\mu \partial'_\lambda V'^\sigma}_{\text{tensorieller Anteil}} + \underbrace{\partial_\nu x'^\lambda \partial'_\lambda \partial'_\sigma x^\mu V'^\sigma}_{\text{nichttensorieller Anteil}} \; .
\end{aligned} \tag{3.53}$$

Um ein kovariantes Äquivalent für die einfache partielle Ableitung zu erhalten, definiert man nun die *kovariante Ableitung* für Vektoren

$$\boxed{\nabla_\nu V^\mu =: \partial_\nu V^\mu + \Gamma^\mu_{\nu\lambda} V^\lambda \; .} \tag{3.54}$$

Forderungen nach Reduktion der kovarianten Ableitung auf die partielle Ableitung bei Skalaren und

---

[4]Gravitation wird nicht mehr als Kraft betrachtet

Erfüllung der Leibnzregel (Produktregel) ergeben weiter die kovariante Ableitung für Dualvektoren

$$\boxed{\nabla_\nu V_\mu =: \partial_\nu V_\mu - \Gamma^\lambda_{\mu\nu} V_\lambda \ .} \tag{3.55}$$

Die Terme $\Gamma^\mu_{\nu\lambda} V^\lambda$ und $\Gamma^\lambda_{\mu\nu} V_\lambda$ stellen also eine durch die Veränderung der Basisvektoren induzierte Korrektur der einfachen partiellen Ableitung dar. Man kann zeigen, dass diese Definition der kovarianten Ableitung nun wie ein Tensor transformiert und die folgenden Forderungen erfüllt [, S. 94-97]:

1. Linearität

2. Leibnizregel (Produktregel)

3. Kommutation mit Verjüngungen: $\nabla_\mu \left(V^\lambda{}_{\lambda\nu} \right) = (\nabla V)_\mu{}^\lambda{}_{\lambda\nu}$

4. Reduktion auf partielle Ableitung bei Skalaren: $\nabla_\mu A = \partial_\mu A$

5. Metrikkompatibilität: $\nabla_\sigma g_{\mu\nu} = 0$, automatisch erfüllt, wenn es sich bei $\Gamma^\mu_{\nu\lambda}$ um eine Christoffelvernetzung nach (3.51) handelt. Diese Forderung erlaubt das Vertauschen des Herauf- bzw. Herunterziehens von Indices und der kovarianten Ableitung.

Für die kovariante Ableitung eines allgemeinen Tensors gilt dann

$$\begin{aligned}
\nabla_\sigma T^{\mu_1\ldots\mu_k}{}_{\nu_1\ldots\nu_l} =\ & \partial_\sigma T^{\mu_1\ldots\mu_k}{}_{\nu_1\ldots\nu_l} \\
& + \Gamma^{\mu_1}_{\sigma\lambda} T^{\lambda\mu_2\ldots\mu_k}{}_{\nu_1\ldots\nu_l} + \cdots + \Gamma^{\mu_k}_{\sigma\lambda} T^{\mu_1\ldots\mu_{k-1}\lambda}{}_{\nu_1\ldots\nu_l} \\
& - \Gamma^\lambda_{\sigma\nu_1} T^{\mu_1\ldots\mu_k}{}_{\lambda\nu_2\ldots\nu_l} - \cdots - \Gamma^\lambda_{\sigma\nu_l} T^{\mu_1\ldots\mu_k}{}_{\nu_1\ldots\nu_{l-1}\lambda} \ .
\end{aligned} \tag{3.56}$$

Mehr zur kovarianten Ableitung in [, Kap. 10.2-4] [, Kap. 3.2] [, Kap. 3.8.1].

3.9 Der Riemanntensor

Es gibt verschiedene Eigenschaften der Christoffelvernetzungen, die auf die Flachheit des betrachteten Raumes schließen lassen, wie z.B. die Tatsache, dass ein Vektor bei Parallelverschiebung entlang einer beliebigen geschlossenen Kurve unverändert bleibt, kovariante Ableitungen eines Vektorfeldes kommutieren und zwei ursprünglich parallele Geodäten ihrer Parametrisierung entlang immer parallel bleiben.

Um Krümmung nun eingehender untersuchen zu können, führt man den vierfach indizierten *Riemanntensor* oder *Krümmungstensor* als Teil des Kommutators von kovarianten Ableitungen ein. Aus der Definition der kovarianten Ableitung (3.54) & (3.55) sieht man, dass kovariante Ableitungen von Vektorfeldern im Gegensatz zu einfachen partiellen Ableitungen im Allgemeinen nicht vertauschen. In diesem Sinne ergibt sich der Riemanntensor aus der verwendeten Vernetzung und stellt zuguterletzt ein geeignetes Werkzeug zur Quantifizierung der Krümmung einer Mannigfaltigkeit dar: Das identische Verschwinden des Riemanntensors impliziert die Flachheit des betrachteten Raumes.

Konkret ergibt sich der Riemanntensor $R^\mu{}_{\nu\sigma\lambda}$ nun aus

$$[\nabla_\rho, \nabla_\sigma] V^\mu =: R^\mu{}_{\lambda\rho\sigma} V^\lambda - T^\lambda{}_{\rho\sigma} \nabla_\lambda V^\mu \ , \tag{3.57}$$

mit $[\nabla_\mu, \nabla_\nu] =: \nabla_\mu \nabla_\nu - \nabla_\nu \nabla_\mu$ und $T^\lambda{}_{\rho\sigma}$ dem Torsionstensor (3.49). Führt man den Kommutator der kovarianten Ableitungen auf der linken Seite von (3.57) explizit aus, erhält man für den Riemanntensor in expliziter Abhängigkeit von den Vernetzungen [, S. 122]

$$\boxed{R^\mu{}_{\nu\sigma\lambda} = \partial_\sigma \Gamma^\mu_{\lambda\nu} - \partial_\lambda \Gamma^\mu_{\sigma\nu} + \Gamma^\mu_{\sigma\rho} \Gamma^\rho_{\lambda\nu} - \Gamma^\mu_{\lambda\rho} \Gamma^\rho_{\sigma\nu} \ .} \tag{3.58}$$

Diese Gleichung gilt für allgemeine Vernetzungen, also nicht nur für Christoffelvernetzungen. Ähnlich der kovarianten Ableitung ergibt sich für die Anwendung des Kommutators der kovarianten Ableitungen auf einen allgemeinen Tensor

$$
\begin{aligned}
[\nabla_\rho, \nabla_\sigma] V^{\mu_1\cdots\mu_k}{}_{\nu_1\ldots\nu_l} =\ & -\, T^\lambda{}_{\rho\sigma}\nabla_\lambda V^{\mu_1\cdots\mu_k}{}_{\nu_1\ldots\nu_l} \\
& +\, R^{\mu_1}{}_{\lambda\rho\sigma}V^{\lambda\mu_2\cdots\mu_k}{}_{\nu_1\ldots\nu_l} + \cdots + R^{\mu_k}{}_{\lambda\rho\sigma}V^{\mu_1\cdots\mu_{k-1}\lambda}{}_{\nu_1\ldots\nu_l} \\
& -\, R^\lambda{}_{\nu_1\rho\sigma}V^{\mu_1\cdots\mu_k}{}_{\lambda\nu_2\ldots\nu_l} - \cdots - R^\lambda{}_{\nu_l\rho\sigma}V^{\mu_1\cdots\mu_k}{}_{\nu_1\ldots\nu_{l-1}\lambda}\ .
\end{aligned}
\tag{3.59}
$$

Der Riemanntensor hat nun einige charakteristische Eigenschaften, von denen sich viele Symmetrieeigenschaften aus der Metrikabhängigkeit der Vernetzungen ergeben:

- Aus (3.58) ist ersichtlich, dass der Riemanntensor nur aus Vernetzungen und deren Ableitungen besteht, die für sich selbst keine Tensoren darstellen. Da aber die zweite kovariante Ableitung, sowie der Torsionstensor wohldefinierte Tensoren sind, muss wegen (3.57) der Riemanntensor ebenfalls ein Tensor sein. Diese Tatsache lässt sich aus den Transformationen der Vernetzungen zeigen.

- Aus (3.57) und (3.58) ist ersichtlich, dass bei Torsionsfreiheit der Kommutator der kovarianten Ableitungen rein multiplikativen Charakter hat. In der Tat sind die in der Allgemeinen Relativitätstheorie verwendeten Christoffelvernetzungen torsionsfrei und die Wirkung des Kommutators der kovarianten Ableitungen auf ein Vektorfeld entspricht der Wirkung des Riemanntensors auf ein Vektorfeld.

- Aus der Definition (3.58) ist sofort die Antisymmetrie in den beiden letzten Indices ersichtlich

$$
R^\mu{}_{\nu\sigma\lambda} = -R^\mu{}_{\nu\lambda\sigma}\ .
\tag{3.60}
$$

- Betrachtet man die vierfach kovariante Version $R_{\mu\nu\sigma\lambda} = g_{\mu\rho}R^\rho{}_{\nu\sigma\lambda}$ des Riemanntensors in lokalen Inertialkoordinaten[5], so verschwinden zwar die Christoffelvernetzungen, nicht aber deren Ableitungen. Aus dieser Tatsache ergeben sich folgende Symmetrieeigenschaften des vierfach kovarianten Riemanntensors [, S. 126-127]: die Antisymmetrie in den ersten beiden Indices

$$
R_{\mu\nu\sigma\lambda} = -R_{\nu\mu\sigma\lambda}\ ,
\tag{3.61}
$$

die Antisymmetrie in den letzten beiden Indices (3.60) und die Symmetrie unter Vertauschung des ersten Indexpaars mit dem zweiten

$$
R_{\mu\nu\sigma\lambda} = R_{\sigma\lambda\mu\nu}\ ,
\tag{3.62}
$$

sowie das Verschwinden der Summe aller zyklischen Permutationen der letzten 3 Indices

$$
R_{\mu\nu\sigma\lambda} + R_{\sigma\mu\nu\lambda} + R_{\nu\sigma\mu\lambda} = 0\ .
\tag{3.63}
$$

Diese Symmetrieeigenschaften gelten aufgrund ihres tensoriellen Charakters in allen Koordinatensystemen, nicht nur in lokalen Interialkoordinaten.

- Im Falle torsionsfreier Vernetzungen gilt die *Bianchi - Identität* [, S. 68]

$$
\nabla_\rho R_{\mu\nu\sigma\lambda} + \nabla_\mu R_{\nu\rho\sigma\lambda} + \nabla_\nu R_{\rho\mu\sigma\lambda} = 0\ .
\tag{3.64}
$$

- Das Verschwinden des Riemanntensors bei torsionsfreien Vernetzungen im ganzen Raum impliziert eine ebene Metrik und vice versa [, S.70-73]. Per Definition besitzt ein „*flacher*" Raum eine ebene Metrik, d.h. es gibt ein Koordinatensystem, in dem die Metrikkomponenten überall konstant sind.

- Der Riemanntensor beschreibt die *geodätische Abweichung*, also die relative „*Beschleunigung*" benachbarter Geodäten entlang ihrer Parametrisierung. Betrachtet wird eine mit dem affinen Parameter t parametrisierte Geodätenschar γ_s, mit s einem kontinuierlichen Index, der jeweils eine Geodäte aus der Schar beschreibt[6]. Die betrachtete Geodätenschar spannt eine zweifach parametrisierte Fläche $x^\mu(t,s)$ in der Raumzeit auf. Der Tangentenvektor an jede Geodäte lautet

$$
T^\mu = \frac{\partial x^\mu(t,s)}{\partial t}\ .
\tag{3.65}
$$

---

[5] In jedem Punkt der Mannigfaltigkeit gibt es ein Koordinatensystem, in dem die Metrik die Form der Minkovskimetrik annimmt, das gilt aber im Allgemeinen nur für diesen einen Punkt.

[6] d.h. zu jedem $s \in \mathbb{R}$ gibt es eine Geodäte $\gamma^\mu_{(s)}(t)$

Der *Abweichungsvektor* beschreibt die Veränderung zwischen den Geodäten

$$S^\mu = \frac{\partial x^\mu\,(t,s)}{\partial s}\ .$$

(3.66)

Die *relative Geschwindigkeit* der Geodäten an einem Punkt wird als kovariante Ableitung des Abweichungsvektors S^μ entlang des Tangentenvektors definiert[7], analog wird die *relative Beschleunigung* als zweifache kovariante Ableitung definiert

$$A^\mu = T^\rho \nabla_\rho \left(T^\lambda \nabla_\lambda S^\mu\right)\ .$$

(3.67)

Nach einigen Rechenschritten ergibt sich für die relative Beschleunigung, also der zweiten konvektiven Ableitung des Abweichungsvektors S^μ nach dem Geodätenparameter t [, S. 144-146]

$$\frac{D^2 S^\mu}{dt^2} = A^\mu = R^\mu{}_{\nu\rho\sigma} T^\nu T^\rho S^\sigma\ .$$

(3.68)

Die relative Beschleunigung zwischen benachbarten Geodäten ist also proportional zur Krümmung, was intuitiv auch zu erwarten ist.

Unter Verwendung der Christoffelvernetzungen ergibt sich aus Symmetriegründen keine andere mögliche Verjüngung des Riemanntensors, die nicht identisch verschwindet, oder unabhängig von dieser ist, als der *Riccitensor*

$$\boxed{R_{\mu\nu} := R^\rho{}_{\mu\rho\nu} = g^{\rho\sigma} R_{\rho\mu\sigma\nu}\ .}$$

(3.69)

Der Riccitensor ist dann wegen (3.62) automatisch symmetrisch

$$R_{\mu\nu} = R_{\nu\mu}\ .$$

(3.70)

Bildet man die Spur des Riccitensors, erhält man das *Ricci-* oder *Krümmungsskalar*

$$\boxed{R := R^\mu{}_\mu = g^{\mu\nu} R_{\mu\nu}\ .}$$

(3.71)

Riccitensor und -skalar enthalten alle Spurinformationen des Riemanntensors.

Aus der zweifachen Verjüngung über (3.64) ergibt sich dann nach [, S. 130]

$$\nabla^\mu R_{\mu\nu} = g^{\mu\sigma} \nabla_\sigma R_{\mu\nu} = \frac{1}{2} \nabla_\nu R\ .$$

(3.72)

Motiviert durch diese Form der Bianchiidentität führt man nun den *Einsteintensor*

$$\boxed{G_{\mu\nu} = R_{\mu\nu} - \frac{1}{2} R g_{\mu\nu}}$$

(3.73)

ein, welcher nach (3.72) automatisch divergenzfrei ist

$$\nabla^\mu G_{\mu\nu} = g^{\mu\rho} \nabla_\rho G_{\mu\nu} = 0\ .$$

(3.74)

Für einen ebenen metrischen Raum verschwindet der Riemanntensor und da dadurch sowohl Riccitensor als auch Ricciskalar verschwinden, ist auch der Einsteintensor identisch Null.

Mehr zum Riemanntensor in [, Kap. 11.3] [, Kap. 3.6] [, Kap. 3.9].

---

[7]Dies entspricht der Richtungsableitung entlang des Tangentenvektors, also der *konvektiven Ableitung*.

3.10 Die Feldgleichung

Die Interpretation der Gravitation als geometrischer Effekt einer gekrümmten Raumzeit anstatt einer normalen Kraft wurde motiviert durch das *Einsteinsche Äquivalenzprinzip (EEP)*:

> *In genügend kleinen Regionen der Raumzeit gelten die Gesetze der speziellen Relativitäts-theorie, es ist dann unmöglich die Existenz eines Gravitationsfeldes durch lokale Experimente nachzuweisen.*

Es stellt in diesem Sinne nach dem Aufkommen der speziellen Relativitätstheorie eine Verallgemeinerung des *schwachen Äquivalenzprinzipes (SEP)* dar, das träge Masse als Widerstand des Körpers gegenüber einer einwirkenden Kraft mit schwerer Masse als Maß für die Stärke der Kraft, die ein Gravitationsfeld auf den Körper auswirkt, gleich setzt:

> *In einer genügend kleinen Region der Raumzeit ist die Bewegung eines frei fallenden Testkörpers in einem Gravitationsfeld und in einem gleichmäßig beschleunigten System gleich.*

Die Gleichheit von träger und schwerer Masse wurde zuletzt am genauesten 1964 von *Roll, Krotkov* und *Dicke* gezeigt [, S. 14]. In einer genügend großen Region der Raumzeit treten durch Gravitation bzw. in diesem Sinne Raumzeitkrümmungen Gezeitenkräfte auf, die frei fallende Körper auf ihren Geodäten dazu veranlassen, sich aufeinander zu oder voneinander weg zu bewegen, d.h. global reicht die Beschreibung durch die spezielle Relativitätstheorie nicht mehr aus. Ausgangspunkt für die gesuchte Feldgleichung der Allgemeinen Relativitätstheorie stellt die Poissongleichung für das Newtonsche Gravitationspotential aus der Newtonschen Mechanik dar

$$\Delta\Phi\left(\vec{r}\right) = 4\pi G\rho\left(\vec{r}\right) \ , \tag{3.75}$$

mit Φ dem Gravitationspotential, G der Gravitationskonstante und ρ der Massendichteverteilung. Sie stellt eine partielle Differentialgleichung 2. Ordnung dar. Eine relativistische Verallgemeinerung sollte nach der Forderung nach Kovarianz tensoriellen Charakter haben, dazu bietet sich für die Massendichte-verteilung der aus der speziellen Relativitätstheorie bekannte symmetrische *Energie - Impulstensor $T_{\mu\nu}$* an. Er enthält als doppelt zeitliche Komponente die *Energie-* bzw. *Massendichte*, als zeitlich - räumliche Anteile den *Energiefluss* - Vektor und als rein räumlichen Anteil den *Spannungstensor*, der den räumli-chen Impulstransport beschreibt. Um nun Gravitation an die Geometrie des Raumes zu koppeln, bietet sich an, die linke Seite von (3.75) mit einem Ausdruck, der die zweite kovariante Ableitung des metri-schen Tensors enthält, zu ersetzen. Eine zentrale Rolle spielt hier auch die durch Gravitationseinflüsse hervorgerufene geodätische Abweichung, die durch den Riemanntensor nach (3.68) beschrieben wird. Da der Riemanntensor per Definition über die Ableitung der Christoffelvernetzungen zweite Ableitungen der Metrik enthält und die Geometrie einer Mannigfaltigkeit intrinsisch beschreibt, sollte man vermuten, dass der gesuchte Term den Riemanntensor in irgendeiner verjüngten Form enthält[8]. Aus der speziellen Relativitätstheorie ist weiter bekannt, dass durch die Energie - Impulserhaltung $T_{\mu\nu}$ divergenzfrei ist, es gilt also in einem globalen, flachen Inertialsystem

$$\partial^{\mu}T_{\mu\nu} = 0 \ . \tag{3.76}$$

Diese Gleichung gilt nach dem EEP auch in jedem lokalen Inertialsystem einer gekrümmten Raumzeit[9] und dadurch in jedem beliebigen Bezugssystem

$$\nabla^{\mu}T_{\mu\nu} = 0 \ . \tag{3.77}$$

Ein bereits bekannter Tensor, der Verjüngungen des Riemanntensors enthält, divergenzfrei und symme-trisch ist, ist der Einsteintensor (3.73). Als erster Schritt für die Feldgleichung wird also der Einsteintensor dem Energie - Impulstensor proportional gesetzt. Zuguterletzt soll die erhaltene Gleichung im Grenzfall kleiner Felder die Newtonsche Mechanik wiedergeben, was die Proportionalitätskonstante festlegt [, Kap. 16, 17] [, S. 151-159] [, S. 91-100].

---

[8]Gesucht ist ja ein zweifach kovarianter symmetrischer Tensor.
[9]Dort verschwinden die Vernetzungen der kovarianten Ableitung lokal.

Die berühmte, von Albert Einstein postulierte Gleichung lautet nun in geometrischen Einheiten

$$\boxed{G_{\mu\nu} = R_{\mu\nu} - \frac{1}{2}g_{\mu\nu}R = 8\pi\, T_{\mu\nu}\; .}\qquad(3.78)$$

Dabei bezeichnet $R_{\mu\nu}$ den *Riccitensor*, R das *Ricciskalar*, $g_{\mu\nu}$ den *metrischen Tensor* der Raumzeit und $T_{\mu\nu}$ den *Energie - Impulstensor*, welcher die Massenverteilung beschreibt, die auf die Raumzeitkrümmung wirkt. Nach Dimensionsvergleich und Einsetzen der Gravitationskonstante bzw. der Lichtgeschwindigkeit ergibt sich für die Gleichung dann

$$R_{\mu\nu} - \frac{1}{2}g_{\mu\nu}R = \frac{8\pi G}{c^4}T_{\mu\nu}\; .\qquad(3.79)$$

Die Vakuumfeldgleichung - bei Abwesenheit von Massendichte - lautet nach (3.78) mit $T_{\mu\nu} = 0$

$$R_{\mu\nu} - \frac{1}{2}g_{\mu\nu}R = 0\; .\qquad(3.80)$$

Verjüngt man nun (3.80), findet man mit $g^{\mu\nu}g_{\mu\nu} = \delta^{\mu}{}_{\mu} = 4$

$$
\begin{aligned}
R - \frac{4R}{2} &= 0\; ,\\
R &= 0\; ,\\
\overset{(3.80)}{\Longrightarrow}\; R_{\mu\nu} &= 0\; .
\end{aligned}
\qquad(3.81)$$

Als partielle, nichtlineare Differentialgleichung 2. Ordnung in der Metrik $g_{\mu\nu}$ beschreibt die Einsteinsche Feldgleichung nun die Reaktion von Krümmung auf die Anwesenheit von Energie und Impuls und umgekehrt die Reaktion von Testkörpern auf Raumzeitkrümmung, was dem Machschen Prinzip entspricht:

Die Materieverteilung bestimmt die Geometrie.

Die Metrik hat nun die Rolle des Gravitationspotentials der Newtonschen Mechanik übernommen, als Raumzeitkrümmung wirkt die Gravitation auf jegliche Art von Materie.

Gleichung (3.79) stellt nun wegen der Symmetrie des metrischen Tensors jeweils 10 unabhängige Gleichungen für die Metrikkomponenten dar. Aus der Divergenzfreiheit des Einsteintensors reduziert sich die Anzahl der unabhängigen Komponenten jedoch weiter auf 6.

Die Einsteinsche Feldgleichung ist im Allgemeinen extrem kompliziert zu lösen, da der Einsteintensor Verjüngungen des Riemanntensors enthält, der aus Ableitungen und Produkten der Christoffelvernetzungen besteht, die wiederum die inverse Metrik und Ableitungen der Metrik enthalten. Im Allgemeinen wird der Energie - Impulstensor ebenfalls von der Metrik abhängen. Zusätzlich ist es wegen der Nichtlinearität der Feldgleichung nicht mehr möglich, durch Superposition gefundener Lösungen neue Lösungen zu konstruieren. Dies spiegelt die Tatsache wieder, dass die Gravitation an sich selbst koppelt, einer weiteren Konsequenz des Äquivalenzprinzips [, S. 166]. Dadurch wird die Feldgleichung nur in speziellen Fällen und Näherungen lösbar sein. Ein prominentes Beispiel dafür ist die *Schwartzschildmetrik*, die eine kugelsymmetrische Vakuumlösung um eine gegebene Masseverteilung (Sterne, Planeten, schwarze Löcher, etc.) beschreibt [, Teil V, Kap. 23] [, Kap. 5] [, Kap. 5].

Mehr zur Einsteinschen Feldgleichung in [, Kap. 17] [, Kap. 4.2] [, Kap. 4.6].

4 Gravitationswellen

Mit der Einführung der Einsteinschen Feldgleichung ist der Grundstein für die Beschreibung von Gravitationswellen gelegt. Ähnlich wie in der Elektrodynamik Wellenausbreitung im Vakuum als Konsequenz der Maxwellgleichungen folgt, findet man eine ähnliche Situation in der Allgemeinen Relativitätstheorie als Konsequenz einer linearisierten Feldgleichung. Die Existenz von Gravitationswellen wurde damals bereits von Einstein in seiner Veröffentlichung der Allgemeinen Relativitätstheorie vorgeschlagen. Anders als in der Elektrodynamik, wo sich Wellen als Oszillationen von elektrischen und magnetischen Feldern in der Raumzeit ausbreiten, beschreiben Gravitationswellen Oszillationen der Raumzeit selbst, beschrieben durch eine zeitlich veränderliche *Störung einer Hintergrundmetrik*. In diesem Sinne können sie aufgrund ihrer geringen Kopplung alle Materie beinahe ungehindert durchdringen und eröffnen völlig neue Möglichkeiten zur Erforschung des Universums.

Zur Behandlung von Gravitationswellen benötigt man eine linearisierte Version der Feldgleichung, sie kommt bei schwachen Gravitationsfeldern (und geringen Geschwindigkeiten von Testkörpern) ins Spiel.

4.1 Linearisierte Feldgleichung

Ausgangspunkt einer linearisierten Feldtheorie ist eine flache Hintergrundraumzeit, auf der kleine Störungen betrachtet werden. Der Hintergrund ist also die Metrik des flachen Raumes, die Minkovskimetrik $\eta_{\mu\nu}$. Untersucht wird nun eine *kleine* Störung der flachen Metrik $h_{\mu\nu}$, die erhaltene Gesamtmetrik ist also bis auf eine kleine Störung weitgehend flach und soll im Unendlichen ebenfalls flach bleiben

$$\boxed{g_{\mu\nu} = \eta_{\mu\nu} + h_{\mu\nu} + \mathcal{O}\left(h^2\right), \quad |h_{\mu\nu}| \ll 1 .} \tag{4.1}$$

Es werden in weiterer Folge alle Terme ab 2. Ordnung in $h_{\mu\nu}$ vernachlässigt. Aus der Symmetrie von $g_{\mu\nu}$ und $\eta_{\mu\nu}$ folgt automatisch die Symmetrie von $h_{\mu\nu}$. Alle aus der Metrik abgeleiteten Größen werden nun die Minkovskimetrik und die Störung $h_{\mu\nu}$ enthalten. Daraus folgt, dass zum Herauf- und Herunterziehen von Indices $\eta_{\mu\nu}$ bzw. $\eta^{\mu\nu}$ verwendet werden muss

$$\begin{aligned} h^{\mu\nu} &= g^{\mu\sigma}g^{\nu\rho}h_{\sigma\rho} \\ &= \eta^{\mu\sigma}\eta^{\nu\rho}h_{\sigma\rho} + \mathcal{O}\left(h^2\right) . \end{aligned}$$

Die inverse Metrik $g^{\mu\nu}$ ergibt sich wieder aus Forderung (3.30)

$$\begin{aligned} g^{\mu\nu} &:= \eta^{\mu\nu} - h^{\mu\nu} , \tag{4.2}\\ g^{\mu\nu}g_{\nu\sigma} &= \left(\eta^{\mu\nu} - h^{\mu\nu}\right)\left(\eta_{\nu\sigma} + h_{\nu\sigma}\right) \\ &= \delta^{\mu}{}_{\sigma} - \underbrace{h^{\mu\nu}\eta_{\nu\sigma}}_{h^{\mu}{}_{\sigma}} + \underbrace{\eta^{\mu\nu}h_{\nu\sigma}}_{h^{\mu}{}_{\sigma}} + \mathcal{O}\left(h^2\right) \\ &= \delta^{\mu}{}_{\sigma} . \tag{4.3} \end{aligned}$$

Die Christoffelvernetzungen ergeben sich aus (3.51) und wegen der Konstanz der $\eta_{\mu\nu}$ treten nur Ableitungen der Störung $h_{\mu\nu}$ auf[10]

$$\boxed{\Gamma^{\sigma}_{\mu\nu} = \frac{1}{2}\eta^{\sigma\lambda}\left(\partial_{\mu}h_{\lambda\nu} + \partial_{\nu}h_{\mu\lambda} - \partial_{\lambda}h_{\mu\nu}\right) .} \tag{4.4}$$

Die Beiträge von $h_{\mu\nu}$ in den Christoffelvernetzungen sind 1. Ordnung, woraus folgt, dass im Riemanntensor nach (3.58) nur die Terme der Ableitungen der Christoffelvernetzungen auftreten

$$\begin{aligned} R^{\mu}{}_{\nu\sigma\lambda} &= \partial_{\sigma}\Gamma^{\mu}_{\lambda\nu} - \partial_{\lambda}\Gamma^{\mu}_{\sigma\nu} \\ &= \frac{1}{2}\eta^{\mu\rho}\left(\partial_{\sigma}\partial_{\lambda}h_{\rho\nu} + \partial_{\sigma}\partial_{\nu}h_{\lambda\rho} - \partial_{\sigma}\partial_{\rho}h_{\lambda\nu} - \partial_{\lambda}\partial_{\sigma}h_{\rho\nu} - \partial_{\lambda}\partial_{\nu}h_{\sigma\rho} + \partial_{\lambda}\partial_{\rho}h_{\sigma\nu}\right) \\ &\overset{(\partial_{\alpha}\partial_{\beta}=\partial_{\beta}\partial_{\alpha})}{=} \frac{1}{2}\eta^{\mu\rho}\left(\partial_{\sigma}\partial_{\nu}h_{\lambda\rho} + \partial_{\lambda}\partial_{\rho}h_{\sigma\nu} - \partial_{\sigma}\partial_{\rho}h_{\lambda\nu} - \partial_{\lambda}\partial_{\nu}h_{\sigma\rho}\right) . \tag{4.5} \end{aligned}$$

In dieser Form ist ersichtlich, dass der Riemanntensor zweite Ableitungen der Metrik enthält. Der Riccitensor ergibt sich nun aus der Verjüngung (3.69) des Riemanntensors und enthält dann ebenfalls zweite

---

[10]d.h. es sind einfach $g^{\sigma\lambda}$ durch $\eta^{\sigma\lambda}$ und die Komponenten von **g** in der Klammer durch die Komponenten von **h** zu ersetzen.

Ableitungen der Störung $h_{\mu\nu}$

$$
\begin{aligned}
R_{\mu\nu} &= R^{\rho}{}_{\mu\rho\nu} \\[2mm]
&= \frac{1}{2}\left(\eta^{\rho\sigma}\partial_\rho\partial_\mu h_{\nu\sigma} + \eta^{\rho\sigma}\partial_\nu\partial_\sigma h_{\rho\mu} - \underbrace{\eta^{\rho\sigma}\partial_\rho\partial_\sigma}_{\partial^\rho\partial_\rho=\Box}\, h_{\mu\nu} - \partial_\mu\partial_\nu\, \underbrace{\eta^{\rho\sigma} h_{\rho\sigma}}_{h^\rho{}_\rho=:h} \right) \\[2mm]
&= \frac{1}{2}\left(\partial_\mu\partial_\rho h^{\rho}{}_{\nu} + \partial_\nu\partial_\sigma h^{\sigma}{}_{\mu} - \Box h_{\mu\nu} - \partial_\mu\partial_\nu h \right) \;,
\end{aligned}
\tag{4.6}
$$

mit $\Box$ dem d'Alembert - Operator[11]. Für das Ricciskalar gilt als weitere Verjüngung über den Riccitensor nach (3.71)

$$
\begin{aligned}
R &= R^{\mu}{}_{\mu} = \eta^{\mu\nu} R_{\mu\nu} \\[2mm]
&= \frac{1}{2}\left(\eta^{\mu\nu}\partial_\mu\partial_\rho h^{\rho}{}_{\nu} + \eta^{\mu\nu}\partial_\nu\partial_\sigma h^{\sigma}{}_{\mu} - \Box \underbrace{\eta^{\mu\nu} h_{\mu\nu}}_{h} - \underbrace{\eta^{\mu\nu}\partial_\mu\partial_\nu}_{\Box}\, h \right) \\[2mm]
&= \partial_\mu\partial_\rho h^{\mu\rho} - \Box h \;.
\end{aligned}
\tag{4.7}
$$

Für den Einsteintensor ergibt sich dann nach (3.73) aus der Summe von Riccitensor und - skalar

$$
\begin{aligned}
G_{\mu\nu} &= R_{\mu\nu} - \frac{1}{2}\eta_{\mu\nu} R \\[2mm]
G_{\mu\nu} &= \frac{1}{2}\left(\partial_\mu\partial_\rho h^{\rho}{}_{\nu} + \partial_\nu\partial_\sigma h^{\sigma}{}_{\mu} - \Box h_{\mu\nu} - \partial_\mu\partial_\nu h - \eta_{\mu\nu}\partial_\sigma\partial_\rho h^{\sigma\rho} - \eta_{\mu\nu}\Box h \right) \;.
\end{aligned}
\tag{4.8}
$$

Die linearisierte Feldgleichung lautet somit mit $c = G = 1$

$$
\boxed{\;\partial_\mu\partial_\rho h^{\rho}{}_{\nu} + \partial_\nu\partial_\sigma h^{\sigma}{}_{\mu} - \Box h_{\mu\nu} - \partial_\mu\partial_\nu h - \eta_{\mu\nu}\partial_\sigma\partial_\rho h^{\sigma\rho} + \eta_{\mu\nu}\Box h = 16\pi\, T_{\mu\nu} \;.\;}
\tag{4.9}
$$

Die Vakuumfeldgleichung lautet dann weiter nach (3.81)

$$
\partial_\mu\partial_\rho h^{\rho}{}_{\nu} + \partial_\nu\partial_\sigma h^{\sigma}{}_{\mu} - \Box h_{\mu\nu} - \partial_\mu\partial_\nu h = 0 \;.
\tag{4.10}
$$

Unter Einführung einer neuen Variablen

$$
\boxed{\;\psi_{\mu\nu} = h_{\mu\nu} - \frac{1}{2}\eta_{\mu\nu} h\;}
\tag{4.11}
$$

---

[11] $\Box := \partial^\mu\partial_\mu = \eta^{\mu\nu}\partial_\mu\partial_\nu = -\frac{\partial^2}{\partial t^2} + \frac{\partial^2}{\partial x^2} + \frac{\partial^2}{\partial y^2} + \frac{\partial^2}{\partial z^2}$

und unter Verwendung der sich daraus ergebenden Beziehungen

$$h_{\mu\nu} = \psi_{\mu\nu} + \frac{1}{2}\eta_{\mu\nu}h \ , \tag{4.12}$$

$$\begin{aligned} \partial_\mu\partial_\rho h^\rho{}_\nu &= \partial_\mu\partial_\rho\eta^{\rho\sigma}h_{\sigma\nu} \\ &= \partial_\mu\partial_\rho\left(\psi^\rho{}_\nu + \frac{1}{2}\delta^\rho{}_\nu h\right) \\ &= \partial_\mu\partial_\rho\psi^\rho{}_\nu + \frac{1}{2}\partial_\mu\partial_\nu h \ , \end{aligned} \tag{4.13}$$

$$\begin{aligned} h &= h^\mu{}_\mu \\ &= \psi^\mu{}_\mu + \frac{1}{2}\underbrace{\eta^\mu{}_\mu}_{=4} h \\ &= \psi + 2h \ , \end{aligned}$$

$$h = -\psi \tag{4.14}$$

$$\begin{aligned} \eta_{\mu\nu}\partial_\sigma\partial_\rho h^{\sigma\rho} &= \eta_{\mu\nu}\partial_\sigma\partial_\rho\left(\psi^{\sigma\rho} + \frac{1}{2}\eta^{\sigma\rho}h\right) \\ &= \eta_{\mu\nu}\partial_\sigma\partial_\rho\psi^{\sigma\rho} + \frac{1}{2}\eta_{\mu\nu}\partial^\rho\partial_\rho h \\ &= \eta_{\mu\nu}\partial_\sigma\partial_\rho\psi^{\sigma\rho} - \frac{1}{2}\eta_{\mu\nu}\Box\psi \ , \end{aligned} \tag{4.15}$$

$$\begin{aligned} \eta_{\mu\nu}\Box h - \Box h_{\mu\nu} &= \eta_{\mu\nu}\Box h - \Box\psi_{\mu\nu} - \frac{1}{2}\eta_{\mu\nu}\Box h \\ &= -\frac{1}{2}\eta_{\mu\nu}\Box\psi - \Box\psi_{\mu\nu} \ . \end{aligned} \tag{4.16}$$

reduziert sich die Feldgleichung (4.9) in $\psi_{\mu\nu}$ und ψ durch das Wegfallen zweier Terme zu

$$\boxed{\partial_\mu\partial_\rho\psi^\rho{}_\nu + \partial_\nu\partial_\rho\psi^\rho{}_\mu - \eta_{\mu\nu}\partial_\sigma\partial_\rho\psi^{\sigma\rho} - \Box\psi_{\mu\nu} = 16\pi\, T_{\mu\nu} \ .} \tag{4.17}$$

Die Vakuumfeldgleichung (4.10) wird dann zu

$$\partial_\mu\partial_\rho\psi^\rho{}_\nu + \partial_\nu\partial_\rho\psi^\rho{}_\mu - \Box\psi_{\mu\nu} + \frac{1}{2}\eta_{\mu\nu}\Box\psi = 0 \ , \tag{4.18}$$

oder mit $\psi_{\mu\nu}$ und ψ laut (4.11) und (4.14) zu

$$\boxed{\partial_\mu\partial_\rho\psi^\rho{}_\nu + \partial_\nu\partial_\rho\psi^\rho{}_\mu - \Box h_{\mu\nu} = 0 \ .} \tag{4.19}$$

4.2 Eichinvarianz

Die Frage nach Eichinvarianz ergibt sich aus der Tatsache, dass es keine eindeutige Zerlegung der Metrik $g_{\mu\nu}$ in „*flachen Hintergrund*" plus Störterm gibt. Es könnte auch andere Koordinatensysteme geben, in denen die Metrik die Form der Minkovskimetrik plus einem anderen Störterm annimmt. Man betrachtet nun die Veränderung der Störung $h_{\mu\nu}$ unter einer infinitesimalen Transformation der Form

$$x'^\mu = x^\mu + \epsilon\xi^\mu \ , \tag{4.20}$$

mit ϵ einem kleinen dimensionslosen Parameter und ξ^μ einem beliebigen Vektorfeld, das eine einparametrige Familie von Transformationen ϕ_ϵ erzeugt. Es gilt dann für die Transformationsmatrix $\partial_\nu x'^\mu$

$$\partial_\nu x'^\mu \overset{(4.20)}{=} \delta^\mu{}_\nu + \epsilon\partial_\nu\xi^\mu \ , \tag{4.21}$$

für die transformierte inverse Metrik $g'^{\mu\nu}$ gilt dann

$$
\begin{aligned}
g'^{\mu\nu} &= \partial_\rho x'^\mu \partial_\sigma x'^\nu g^{\rho\sigma} \\
&= g^{\mu\nu} + \epsilon \delta^\nu{}_\sigma \partial_\rho \xi^\mu g^{\rho\sigma} + \epsilon \delta^\mu{}_\rho \partial_\sigma \xi^\nu g^{\rho\sigma} + \mathcal{O}\left(\epsilon^2\right) , \\
g'^{\mu\nu} - g^{\mu\nu} &= \epsilon \delta^\nu{}_\sigma \partial_\rho \xi^\mu g^{\rho\sigma} + \epsilon \delta^\mu{}_\rho \partial_\sigma \xi^\nu g^{\rho\sigma} .
\end{aligned}
\tag{4.22}
$$

Ersetzt man nun $g^{\mu\nu}$ und $g'^{\mu\nu}$ wieder gemäß (4.2), vergleicht in Potenzen von ϵ und zieht die Indices wieder herunter, so erhält man

$$
\begin{aligned}
\eta'_{\mu\nu} &= \eta_{\mu\nu} , &(4.23) \\
h'_{\mu\nu} &= h_{\mu\nu} - \left(\partial_\nu \xi_\mu + \partial_\mu \xi_\nu\right) . &(4.24)
\end{aligned}
$$

Der Korrekturterm in (4.24) entspricht der *Lieableitung* der Metrik entlang des Vektorfeldes ξ^μ, wegen des flachen Hintergrundes reduzieren sich die kovarianten Ableitungen jedoch zu normalen partiellen Ableitungen [, Appendix B] [, S. 81-86].

Für die Spur h erhält man

$$
\begin{aligned}
h' &= h'^\mu{}_\mu \\
&= h^\mu{}_\mu - \partial_\mu \xi^\mu - \partial_\mu \xi^\mu \\
&= h - 2\partial_\mu \xi^\mu .
\end{aligned}
\tag{4.25}
$$

Für die Variable $\psi_{\mu\nu}$ gilt unter der Transformation (4.20) mit (4.24) und (4.25)

$$
\begin{aligned}
\psi'_{\mu\nu} &= h'_{\mu\nu} - \frac{1}{2}\eta'_{\mu\nu} h' \\
&= h_{\mu\nu} - \partial_\nu \xi_\mu - \partial_\mu \xi_\nu - \frac{1}{2}\eta_{\mu\nu} h + \eta_{\mu\nu}\partial_\lambda \xi^\lambda \\
&= \psi_{\mu\nu} - \partial_\nu \xi_\mu - \partial_\mu \xi_\nu + \eta_{\mu\nu}\partial_\lambda \xi^\lambda .
\end{aligned}
\tag{4.26}
$$

Man kann nun leicht überprüfen, dass der linearisierte Riemanntensor (4.5) und damit auch der Einsteintensor und die linearisierte Feldgleichung eichinvariant sind. Die Feldgleichung lässt nun also die Freiheit der Wahl der vier Koordinatenfunktionen des Vektorfeldes ξ^μ, was die Gleichung selbst unverändert lässt. Dies bedeutet also, dass es von vornherein keine eindeutige Zerlegung der Metrik in Hintergrund und Störung gibt.

4.3 Die Einsteineichung

Wählt man nun speziell als Eichbedingung die der Lorentzeichung aus der Elektrodynamik ähnliche *Einsteineichung*

$$
\partial_\mu \psi^\mu{}_\nu = 0 ,
\tag{4.27}
$$

so reduziert sich die linearisierte Feldgleichung (4.17) zur inhomogenen Wellengleichung in $\psi_{\mu\nu}$

$$
\Box \psi_{\mu\nu} = -16\pi\, T_{\mu\nu} .
\tag{4.28}
$$

Die linearisierte Vakuumfeldgleichung (4.19) wird zur homogenen Wellengleichung in $h_{\mu\nu}$ bzw. aus (4.28) mit $T_{\mu\nu} = 0$ für $\psi_{\mu\nu}$

$$
\begin{aligned}
\Box h_{\mu\nu} &= 0 , &(4.29) \\
\Box \psi_{\mu\nu} &= 0 . &(4.30)
\end{aligned}
$$

Die Eichbedingung (4.27) fixiert die Eichung jedoch nicht vollständig, da immer eine Transformation (4.20) mit $\Box \xi^\mu = 0$ durchgeführt werden kann, wobei die Eichbedingung (4.27) erhalten bleibt. Für die

Eichbedingung gilt mit der nach (4.27) transformierten Variablen $\psi_{\mu\nu}$

$$\partial_\mu \psi'^\mu{}_\nu \overset{(4.26)}{=} \partial_\mu \psi^\mu{}_\nu - \partial_\nu \partial_\mu \xi^\mu - \underbrace{\partial^\mu \partial_\mu}_{\Box} \xi_\nu + \partial_\mu \underbrace{\eta^{\mu\rho}\eta_{\rho\nu}}_{\delta^\mu{}_\nu} \partial_\lambda \xi^\lambda$$

$$= \partial_\mu \psi^\mu{}_\nu - \Box \xi_\nu - \partial_\nu \partial_\mu \xi_\mu + \partial_\nu \partial_\mu \xi^\mu$$

$$= \partial_\mu \psi^\mu{}_\nu - \Box \xi_\nu \ . \tag{4.31}$$

Daraus folgt, dass, wenn $\psi_{\mu\nu}$ bereits die Einsteineichung erfüllt, immer noch eine Transformation (4.20) mit $\Box\xi_\mu = 0$ durchgeführt werden kann, da dann nach (4.31) ebenfalls $\partial_\mu \psi'^\mu{}_\nu = 0$ gilt. Erfüllt $\psi_{\mu\nu}$ die Einsteineichbedingung nicht, so kann es mit

$$\Box \xi_\nu = \partial_\mu \psi^\mu{}_\nu \tag{4.32}$$

in die Einsteineichung transformiert werden.

4.4 Ebene Gravitationswellen

Eine einfache Lösung für die linearisierte Vakuumfeldgleichung stellen monochromatische, ebene Wellen dar

$$h_{\mu\nu} = A_{\mu\nu} e^{ik_\sigma x^\sigma} \ . \tag{4.33}$$

Konventionsgemäß nimmt man von (4.33) nur den Realteil, $A_{\mu\nu}$ bezeichnet den Amplitudentensor und $k_\sigma = $ den Viererwellenvektor. Aus der Wellengleichung (4.29) folgt

$$k^\mu k_\mu = 0 \ , \tag{4.34}$$

also dass der Viererwellenvektor ein Nullvektor sein muss. Die Welle breitet sich demnach mit Lichtgeschwindigkeit und der Frequenz $\omega = k^0 = \sqrt{k_x^2 + k_y^2 + k_z^2}$ in die Richtung von $\vec{k}/|\vec{k}| = {}^{(k_x, k_y, k_z)}/\omega$ aus. Aus der Bedingung $\partial_\mu \psi^\mu{}_\nu$ folgt noch

$$k_\mu A^\mu{}_\nu = A_{\mu\nu} k^\mu = 0 \tag{4.35}$$

für den Amplitudentensor und damit die Transversalität der Welle. Beide Bedingungen (4.34) und (4.35) sind charakteristisch für eine ebene monochromatische Welle.

Betrachtet man die wählbaren Freiheitsgrade des Amplitudentensors $A_{\mu\nu}$, so ergeben sich aus der Symmetrie von $h_{\mu\nu}$ bzw. $\psi_{\mu\nu}$ und der daraus folgenden Symmetrie von $A_{\mu\nu}$ zuerst 10 unabhängige Komponenten. Die 4 Bedingungen (4.35) reduzieren diese Anzahl weiter auf 6. 4 dieser Freiheiten ergeben sich jedoch aus der Uneindeutigkeit der Eichung

$$\Box \xi_\mu = 0 \ , \tag{4.36}$$
$$\xi_\mu = C_\mu e^{ik_\sigma x^\sigma} \ . \tag{4.37}$$

Dieses Vektorfeld mit beliebigen Konstanten C_μ kann 4 der 6 unabhängigen Konstanten von $A_{\mu\nu}$ beliebig verändern, woraus sich *2 echte Freiheitsgrade* für den Amplitudentensor $A_{\mu\nu}$ ergeben.

Die Existenz von Lösungen für die Wellengleichung impliziert nun aber noch nicht automatisch die Existenz von Gravitationswellen, da die Störung hier an ein bestimmtes Koordinatensystem gebunden ist. Vielmehr ist der Riemanntensor ein Maß für die Existenz von Gravitationswellen, in der Einsteineichung gilt dann wegen (4.29) und (4.5) ebenfalls $\Box R_{\mu\nu\rho\sigma} = 0$. Wählt man nun in einem speziellen Ansatz als Lösung für (4.29) einen Wellenansatz $h_{\mu\nu}(t - x)$, der sich in x - *Richtung* ausbreitet, so kann man zeigen, dass sich zunächst die Störung $h_{\mu\nu}$ in einen Teil mit verschwindendem Riemanntensor und einen Teil mit nichtverschwindendem Riemanntensor aufteilen lässt

$$h_{\mu\nu} = h_{\mu\nu}^{(1)} + h_{\mu\nu}^{(2)} \,,$$

$$h_{\mu\nu}^{(1)} = \begin{pmatrix} h_{00} & h_{01} & h_{02} & h_{03} \\ h_{10} & h_{11} & h_{12} & h_{13} \\ h_{20} & h_{21} & 0 & 0 \\ h_{30} & h_{31} & 0 & 0 \end{pmatrix} \,, \tag{4.38}$$

$$h_{\mu\nu}^{(2)} = \begin{pmatrix} 0 & 0 & 0 & 0 \\ 0 & 0 & 0 & 0 \\ 0 & 0 & h_{22} & h_{23} \\ 0 & 0 & h_{32} & h_{33} \end{pmatrix} \,. \tag{4.39}$$

Dies legt den Schluss nahe, dass man über die Eichfreiheit (4.36) in ein Koordinatensystem transformieren kann, in dem die Komponenten von (4.38) ebenfalls verschwinden, wobei die Komponenten von (4.39) unverändert bleiben. In weiterer Folge bleiben nur mehr die 4 Komponenten von (4.39) übrig, wobei sich noch

$$h_{33} = -h_{22} \,,$$
$$h_{23} = h_{32}$$

ergibt, also insgesamt

$$h_{\mu\nu}^{(2)} = \begin{pmatrix} 0 & 0 & 0 & 0 \\ 0 & 0 & 0 & 0 \\ 0 & 0 & h_{22} & h_{23} \\ 0 & 0 & h_{23} & -h_{22} \end{pmatrix} \,. \tag{4.40}$$

h_{22} und h_{23} sind dabei reine Funktionen von $(t - x)$ und stellen die 2 oben erwähnten Freiheitsgrade von $A_{\mu\nu}$ dar [, S.224-228] [, S. 23-26].

4.5 Die TT - Eichung

Eine elegantere Betrachtung der möglichen Freiheitsgrade des Amplitudentensors benutzt eine andere, der *Coulombeichung* aus der Elektrodynamik ähnlichen, Eichung: die *transversal - spurfreie Eichung* oder *TT (Transverse Traceless) - Eichung*. Gruppentheoretische Betrachtungen erlauben das Zerlegen der Störung in Teile, die sich unter räumlichen Drehungen wieder in sich selbst transformieren, also *irreduzible Repräsentationen*. Der räumliche Anteil h_{ij} von $h_{\mu\nu}$ wird nun in einen spurfreien symmetrischen Tensor s_{ij} und die Spur von h_{ij} aufgeteilt. Die zeitlich - räumlichen Komponenten $h_{0i} = h_{i0}$ bilden einen Dreiervektor w_i, die *Vektorstörung*. Die rein zeitliche Komponente h_{00} wird ebenfalls als unabhängiges Skalar betrachtet [, S. 279]

$$h_{00} = \Phi \,, \tag{4.41}$$
$$h_{i0} = w_i \,, \tag{4.42}$$
$$\Psi = \frac{1}{3} \operatorname{Tr}(h) = \frac{1}{3} \delta^{ij} h_{ij} \,, \tag{4.43}$$
$$s_{ij} = h_{ij} - \frac{1}{3} \operatorname{Tr}(h) \delta_{ij} = h_{ij} - \frac{1}{3} \delta^{kl} h_{kl} \delta_{ij} \,, \tag{4.44}$$
$$h_{ij} = s_{ij} + \Psi \delta_{ij} \,. \tag{4.45}$$

Die räumliche Metrik ist hier gleich der euklidschen, da nur der räumliche Teil des Minkovskihintergrundes betrachtet wird. Daher kann man zum Herauf - und Herunterziehen von Indices einfach δ_{ij} verwenden. Damit kann man leicht überprüfen, dass s_{ij} spurfrei ist. Die 3 räumlichen Eichtransformationen in ξ^i werden nun dazu verwendet, um den spurfreien Anteil s_{ij} räumlich transversal (also divergenzfrei im Sinne der dreidimensionalen Divergenz) zu machen

$$\partial_i s^{ij} = 0 \,. \tag{4.46}$$

Die verbleibende zeitliche Eichtransformation in ξ^0 wird dazu verwendet, die Vektorstörung ebenfalls divergenzfrei zu machen

$$\partial_i w^i = 0 \ . \tag{4.47}$$

Für die linearisierte Feldgleichung ergibt sich dann nach [ ]

$$-8\pi \, T_{00} \;=\; \nabla^2 \Psi \ , \tag{4.48}$$

$$-8\pi \, T_{0i} \;=\; \frac{1}{2}\nabla^2 w_i + \partial_0 \partial_i \Psi \ , \tag{4.49}$$

$$16\pi \, T_{ij} \;=\; \left(\delta_{ij}\nabla^2 - \partial_i\partial_j\right)(\Psi - \Phi) - (\partial_0\partial_i w_j + \partial_0\partial_j w_i) - 2\delta_{ij}\partial_0^2\Psi - \Box s_{ij} \ , \tag{4.50}$$

mit ∇^2 dem gewöhnlichen dreidimensionalen *Laplaceoperator*. Betrachtet man nun die Vakuumgleichung mit $T_{\mu\nu} = 0$, so ergibt sich zunächst

$$\nabla^2 \Psi = 0 \ , \tag{4.51}$$

was $\Psi = 0$ verlangt, da ja $h_{\mu\nu}$ im unendlichen verschwinden soll. Mit $\Psi = 0$ wird (4.49) zu

$$\nabla^2 w_i = 0 \ , \tag{4.52}$$

was ebenfalls wie oben $w_i = 0$ verlangt. Im nächsten Schritt wird die Spur von (4.50) mit $\Psi = w_i = 0$ betrachtet

$$0 \;=\; \delta^{ij}\left(\delta_{ij}\nabla^2 - \partial_i\partial_j\right)\Phi - \Box \underbrace{\delta^{ij} s_{ij}}_{\mathrm{Tr}(s)=0}$$

$$=\; \left(\underbrace{\delta^{ij}\delta_{ij}}_{3}\nabla^2 - \underbrace{\delta^{ij}\partial_i\partial_j}_{\nabla^2}\right)\Phi \ ,$$

$$0 \;=\; \nabla^2\Phi \ , \tag{4.53}$$

was ebenfalls $\Phi = 0$ bedeutet. Damit bleibt insgesamt nur mehr der spurfreie Teil von (4.50), mit $T_{\mu\nu} = 0$ bedeutet das

$$\Box s_{ij} = 0 \ . \tag{4.54}$$

Damit wird die Störung $h_{\mu\nu}$ in der TT - Eichung zu

$$\boxed{h_{\mu\nu}^{TT} = \begin{pmatrix} 0 & 0 & 0 & 0 \\ 0 & & & \\ 0 & & s_{ij} & \\ 0 & & & \end{pmatrix} \ .} \tag{4.55}$$

Sie ist rein räumlich, transversal (also divergenzfrei) und spurfrei, wie der Name der Eichung bereits vermuten lässt, und erfüllt offensichtlich ebenfalls die Wellengleichung

$$\Box h_{\mu\nu}^{TT} = 0 \ . \tag{4.56}$$

Man gelangt auf alternativem Weg zur TT - Eichung, indem man zusätzlich zur Einsteineichung die Eichfreiheit $\Box \xi_\mu = 0$ derart ausnutzt, dass der Amplitudentensor $A_{\mu\nu}$ folgende Forderung erfüllt

$$A_{\mu\nu}u^\nu = 0 \ , \tag{4.57}$$

mit u^ν der Vierergeschwindigkeit eines globalen Inertialsystems relativ zu einem Beobachter. Hier geht man also überhaupt vom Standpunkt der speziellen Relativitätstheorie aus. Die Forderung (4.57) stellt aber nur 3 Bedingungen an $A_{\mu\nu}$ statt der gewollten 4, da

$$k^\mu A_{\mu\nu}u^\nu = 0 \tag{4.58}$$

bereits durch die Einsteineichbedingung (4.35) erfüllt ist. Man fordert daher zusätzlich, dass der Amplitudentensor spurfrei sein soll

$$A^\mu{}_\mu = 0 \ , \tag{4.59}$$

womit die Eichung mit den 8 Bedingungen

$$\begin{aligned}
A_{\mu\nu}u^\nu &= 0 \to (3 \text{ Bedingungen}) \ , \\
A_{\mu\nu}k^\nu &= 0 \to (4 \text{ Bedingungen}) \ , \\
A^\mu{}_\mu &= 0 \to (1 \text{ Bedingung}) \ ,
\end{aligned}$$

eindeutig und damit fixiert ist. Formuliert man diese Bedingungen im Ruhesystem mit $u^\mu = (1,0,0,0)$ unter Verwendung von (4.33) und

$$\partial^j h_{ij} = ik^j A_{ij} \ ,$$

ergibt sich für die Störung $h_{\mu\nu}$, die sich jetzt in der TT - Eichung befindet

$$h^{TT}_{\mu 0} = 0 \to \text{nur } h^{TT}_{ij} \neq 0 \ , \tag{4.60}$$

$$\partial^i h^{TT}_{ij} = 0 \to \text{die } h^{TT}_{ij} \text{ sind divergenzfrei} \ , \tag{4.61}$$

$$h^{TT\ \mu}{}_\mu = 0 \to h^{TT}_{ij} \text{ ist spurfrei} \ . \tag{4.62}$$

Betrachtet man nun in der TT - Eichung noch einmal die Möglichkeiten für den Amplitudentensor für eine Welle, die sich in x - Richtung ausbreitet (d.h. für den Wellenvektor: $k^\mu = (\omega, \omega, 0, 0)$), so ergeben sich zunächst wegen (4.35) die $A_{1\nu}$ zu Null. Wegen der Spurfreiheit und Symmetrie von $h^{TT}_{\mu\nu}$ bleibt für $A_{\mu\nu}$ nur mehr

$$A_{\mu\nu} = \begin{pmatrix} 0 & 0 & 0 & 0 \\ 0 & 0 & 0 & 0 \\ 0 & 0 & A_{22} & A_{23} \\ 0 & 0 & A_{23} & -A_{22} \end{pmatrix} =: \begin{pmatrix} 0 & 0 & 0 & 0 \\ 0 & 0 & 0 & 0 \\ 0 & 0 & A_+ & A_\times \\ 0 & 0 & A_\times & -A_+ \end{pmatrix} \ , \tag{4.63}$$

was (4.40) entspricht.

In der TT - Eichung besteht kein Unterschied mehr zwischen $\psi_{\mu\nu}$ und $h_{\mu\nu}$, da $h = 0$. Generelle Störungen $h_{\mu\nu}$ können nur dann in ihre TT - Form gebracht werden, *wenn sie Wellen beschreiben*, allgemeinere Störungen lassen sich nicht auf eine transversale spurfreie Form reduzieren. Ebenso bedeutet die Tatsache, dass die TT - Eichung über die Zerlegung in *irreduzible Bestandteile* folgt bzw. wegen (4.64) und der Eichinvarianz des Riemanntensors, dass die Störung $h_{\mu\nu}$ in der TT - Eichung die kleinstmögliche Anzahl an nichtverschwindenden Komponenten hat. Nach Gleichung (4.5) haben die Zeit - Raum - Komponenten des Riemanntensors in der TT - Eichung eine besonders einfache Form [, S. 947-948]

$$R_{i0j0} = R_{0i0j} = -R_{i00j} = -R_{0ij0} = -\frac{1}{2}\ddot{h}^{TT}_{ij} \ . \tag{4.64}$$

4.6 Polarisationszustände

Die Störung $h^{TT}_{\mu\nu}$ besteht nach (4.63) für eine Gravitationswelle in x - Richtung aus nur zwei unabhängigen Komponenten

$$h_+ = A_+ e^{i\omega(x-t)} \ , \tag{4.65}$$

$$h_\times = A_\times e^{i\omega(x-t)} \ , \tag{4.66}$$

die analog zur Elektrodynamik zwei unabhängige Polarisationsrichtungen einer Gravitationswelle darstellen. In der Elektrodynamik sind die zwei Polarisationsvektoren einer linear polarisierten Welle mit Ausbreitung in x - Richtung die zwei senkrecht zueinander stehenden Einheitsvektoren senkrecht zur

Ausbreitungsrichtung ($\vec{e}_y$ und $\vec{e}_z$). Eine Gravitationswelle in x - Richtung hat nun zwei zueinander offensichtlich orthogonale lineare Polarisationstensoren

$$\mathbf{e}_+ \ := \ \vec{e}_y \otimes \vec{e}_y - \vec{e}_z \otimes \vec{e}_z \ \hat{=} \ \begin{pmatrix} 0 & 0 & 0 & 0 \\ 0 & 0 & 0 & 0 \\ 0 & 0 & 1 & 0 \\ 0 & 0 & 0 & -1 \end{pmatrix} \ , \tag{4.67}$$

$$\mathbf{e}_\times \ := \ \vec{e}_y \otimes \vec{e}_z + \vec{e}_z \otimes \vec{e}_y \ \hat{=} \ \begin{pmatrix} 0 & 0 & 0 & 0 \\ 0 & 0 & 0 & 0 \\ 0 & 0 & 0 & 1 \\ 0 & 0 & 1 & 0 \end{pmatrix} \ . \tag{4.68}$$

Man kann nun ebenfalls analog zur Elektrodynamik Polarisationstensoren zirkular polarisierter Gravitationswellen definieren

$$\mathbf{e}_r \ := \ \frac{1}{\sqrt{2}} (\mathbf{e}_+ + i\mathbf{e}_\times) \ \hat{=} \ \frac{1}{\sqrt{2}} \begin{pmatrix} 0 & 0 & 0 & 0 \\ 0 & 0 & 0 & 0 \\ 0 & 0 & 1 & i \\ 0 & 0 & i & -1 \end{pmatrix} \ , \tag{4.69}$$

$$\mathbf{e}_l \ := \ \frac{1}{\sqrt{2}} (\mathbf{e}_+ - i\mathbf{e}_\times) \ \hat{=} \ \frac{1}{\sqrt{2}} \begin{pmatrix} 0 & 0 & 0 & 0 \\ 0 & 0 & 0 & 0 \\ 0 & 0 & 1 & -i \\ 0 & 0 & -i & -1 \end{pmatrix} \ . \tag{4.70}$$

Die Bedeutung dieser Polarisationsrichtungen wird weiter unten erläutert.

Um den Effekt einer Gravitationswelle auf eine Ansammlung von Testkörper zu studieren, kann man die geodätische Abweichung S^μ zwischen den Teilchen betrachten, die ja das Verhalten ihres Abstandes untereinander beschreibt

$$\frac{D^2 S^\mu}{d\tau^2} = R^\mu{}_{\nu\rho\sigma} u^\nu u^\rho S^\sigma \ . \tag{4.71}$$

Im Ruhesystem der Testteilchen besitzen diese eine Vierergeschwindigkeit $u^\mu = (1,0,0,0)$ mit kleinen Korrekturen durch die Störung $h^{TT}_{\mu\nu}$, die durch die Gravitationswelle verursacht werden. Da aber der Riemanntensor bereits erster Ordnung in $h^{TT}_{\mu\nu}$ ist, können diese Korrekturen für die geodätische Abweichung vernachlässigt werden. Damit entspricht aber auch die Eigenzeit des betrachteten Inertialsystems $x^0 = t$ der Eigenzeit τ der Testkörper. Mit den Komponenten des Riemanntensors in der TT - Eichung nach (4.64) wird die geodätische Abweichung zu

$$\begin{aligned} \frac{\partial^2 S^\mu}{\partial t^2} \ &= \ R^\mu{}_{00\sigma} S^\sigma \\[2mm] &= \ \frac{1}{2} S^\sigma \frac{\partial^2}{\partial t^2} h^{TT\ \mu}{}_\sigma \ . \end{aligned} \tag{4.72}$$

Betrachtet man wieder eine Welle in x - Richtung, so zeigt (4.72) mit (4.63), dass nur die y - und z - Abstände $S^2 =: S_y$ und $S^3 =: S_z$ betroffen sind. Das heißt, dass eine sich in x - Richtung ausbreitende Gravitationswelle die Testkörper nur in y - und z - Richtung verschiebt, woraus die Transversalität der Welle ersichtlich ist.

Für die Polarisation in $\mathbf{e}_+$ Richtung gilt $h_\times = 0$ und (4.72) ergibt für S_y und S_z

$$\frac{\partial^2 S_y}{\partial t^2} \ = \ \frac{1}{2} S_y \frac{\partial^2}{\partial t^2} \left(A_+ e^{i\omega(x-t)} \right) \ , \tag{4.73}$$

$$\frac{\partial^2 S_z}{\partial t^2} \ = \ -\frac{1}{2} S_z \frac{\partial^2}{\partial t^2} \left(A_+ e^{i\omega(x-t)} \right) \ . \tag{4.74}$$

Diese Gleichungen ergeben bis zur 1. Ordnung gelöst [, S. 953] [, S. 297]

$$S_y = S_y(0)\left(1 + \frac{1}{2}A_+ e^{i\omega(x-t)}\right) , \tag{4.75}$$

$$S_z = S_z(0)\left(1 - \frac{1}{2}A_+ e^{i\omega(x-t)}\right) . \tag{4.76}$$

Das bedeutet, dass 2 Testkörper mit reinem y - Abstand in y - Richtung hin und her schwingen. Für 2 Testkörper mit reinem z - Abstand gilt das Gleiche in z - Richtung, nur gegensätzlich. Ein Ring von Testkörpern in der y - z Ebene wird nun in eine Ellipse deformiert, deren Hauptachsen in y - und z - Richtung pulsieren, es ergibt sich dann ein „+" - förmiges Schwingungsmuster. Siehe dazu Abbildung 2.

Analog ergibt sich für eine in $\mathbf{e}_\times$ - Richtung polarisierte Welle, für die $h_+ = 0$ gilt, für S_y und S_z als Lösung der Differentialgleichungen bis zur 1. Ordnung

$$S_y = S_y(0) + \frac{1}{2}A_\times e^{i\omega(x-t)}S_z(0) , \tag{4.77}$$

$$S_z = S_z(0) + \frac{1}{2}A_\times e^{i\omega(x-t)}S_y(0) . \tag{4.78}$$

Dies ergibt das gleiche Schwingungsmuster wie für $\mathbf{e}_+$ - Polarisierung mit um 45° nach links gedrehten Achsen, was dann einem „$\times$" - förmiges Schwingungsmuster entspricht. Dies kann man leicht erkennen, indem man S_y und S_z wie folgt transformiert

$$S_{y'} = \frac{1}{\sqrt{2}}(S_y + S_z) , \tag{4.79}$$

$$S_{z'} = \frac{1}{\sqrt{2}}(S_z - S_y) , \tag{4.80}$$

$$S_y = \frac{1}{\sqrt{2}}(S_{y'} - S_{z'}) , \tag{4.81}$$

$$S_z = \frac{1}{\sqrt{2}}(S_{y'} + S_{z'}) , \tag{4.82}$$

was einer Drehung der y - z Ebene um 45° nach links entspricht. Setzt man S_y und S_z nach (4.81) und (4.82) in (4.77) und (4.78) ein und subtrahiert bzw. addiert beide Gleichungen, erhält man (4.75) und (4.76) in $S_{y'}$ und $S_{z'}$. Siehe dazu Abbildung 2.

Die zirkularen Polarisationsrichtungen $\mathbf{e}_r$ und $\mathbf{e}_l$ stellen nun 2 mögliche unabhängige phasenversetzte Überlagerungen von $\mathbf{e}_+$ - und $\mathbf{e}_\times$ - Polarisationen dar. Sie deformieren einen Ring von Testkörpern in eine Ellipse, die nach rechts bzw. nach links rotiert. Die Testkörper rotieren dabei selbst in kleinen Kreisen. Siehe dazu Abbildung 2.

Die Tatsache, dass die beiden linearen Polarisationsrichtungen im Winkel von 45° zueinander stehen, gibt Anlass zur Erwartung eines *Spin 2* - Teilchens, das Gravitationsstrahlung beschreibt, das sogenannte *Graviton*. Allgemein kann man den Spin eines Teilchens über den Winkel φ einer räumlichen Drehung bestimmen, unter dem seine Polarisation invariant bleibt

$$S = \frac{360°}{\varphi} . \tag{4.83}$$

Für ein *Photon* mit den beiden senkrechten linearen Polarisationsrichtungen einer elektromagnetischen Welle gilt Invarianz unter einer Drehung von 360° und damit $S = 1$. Ein *Neutrino* in seiner Feldbeschreibung mit den beiden Zuständen *Spin - up* und *Spin - down* ($|\uparrow\rangle$ und $|\downarrow\rangle$) nimmt ein Vorzeichen nach einer Drehung von 360° auf und ist dadurch invariant unter Drehungen um 720°, woraus sich $S = \frac{1}{2}$ ergibt. Für ein *Graviton* gilt nun Invarianz seiner Polarisation bereits nach einer Drehung um 180°, was $S = 2$ bedeutet. Tatsächlich ist es möglich, die Einsteinsche Feldgleichung der Allgemeinen Relativitätstheorie über die Einführung eines Spin 2 Teilchens, also dem Graviton, einer zugeordneten *Lagrangedichte* und einigen Forderungen an ihre Eigenschaften, zu erhalten [, S. 299].

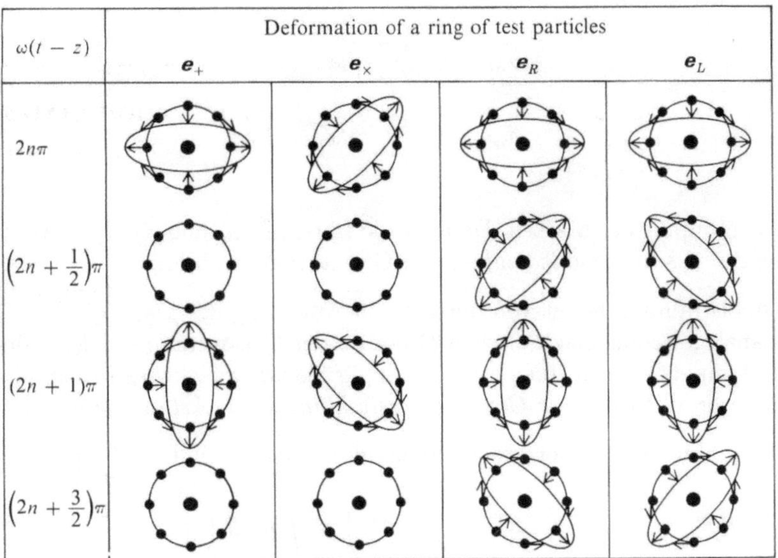

Abbildung 2: Deformation eines Testpartikelringes bei einlaufenden Gravitationswellen der 4 behandelten Polarisationsrichtungen in Abhängigkeit von der Phase. Jeweils e_+ und $e_\times$, sowie e_L und e_R stellen 2 unabhängige Polarisationen dar. [, S. 953]

4.7 Energie

Die Tatsache, dass Gravitationswellen eine wahre Krümmung auf einer flachen Hintergrundmetrik hervorrufen, bedeutet, dass Gravitationswellen Energie übertragen müssen. Um nun die in Gravitationswellen enthaltene Energie genau beschreiben zu können, muss man über die linearisierte Gravitationstheorie hinausgehen, worauf hier nicht eingegangen werden soll.

Die Energie einer Gravitationswelle kann nun nicht innerhalb eines Wellenzuges lokalisiert werden, vielmehr spricht man von einem über mehrere Wellenlängen gemittelten, „verschmierten" Energie - Impuls - Tensor einer Gravitationswelle. Nach [, S. 955, Kap. 35.15] [, Kap. 7.6] ergibt sich für den Energie - Impuls - Tensor

$$T_{\mu\nu}^{GW} = \frac{1}{32\pi} \left\langle \left(\partial_\mu h_{\rho\sigma}^{TT}\right) \left(\partial_\nu h^{TT\,\rho\sigma}\right) \right\rangle \, , \tag{4.84}$$

wobei $\langle\rangle$ eine Mittelung über einige Wellenzüge bedeutet.

5 Enstehung von Gravitationswellen

5.1 Strahlungscharakter

Um die Enstehung von Gravitationswellen zu beschreiben, soll zuerst der Charakter von Gravitationsstrahlung untersucht werden. In der Elektrodynamik besteht Strahlung im überwiegenden Anteil aus elektrischer *Dipolstrahlung*, also der Energie, die von hin und her beschleunigten Ladungsverteilungen ausgesandt wird. Für eine Ladung e gilt dann mit dem Dipolmoment $\vec{d}_{EM} = e\vec{x}$ für ihre Leuchtkraft L (Energie/Zeit)

$$L_{EM} = \frac{2}{3}e^2\dddot{x} = \frac{2}{3}\dddot{d}_{EM} \, . \tag{5.1}$$

Münzt man die elektrische Ladung auf die „Gravitationsladung", also der Masse eines Testkörpers um, um den Dipolanteil einer Gravitationswelle zu untersuchen, so erhält man zunächst für das Massendipolmoment einer Massenverteilung

$$\vec{d}_M \;=\; \sum_i m_i \vec{x}_i \;, \tag{5.2}$$

$$\dot{\vec{d}}_M \;=\; \sum_i m_i \dot{\vec{x}}_i = \vec{p}_{ges} \;, \tag{5.3}$$

mit $\vec{p}_{ges}$ dem Gesamtimpuls der Massen. Da aber die Impulserhaltung $\dot{\vec{p}}_{ges} = \ddot{\vec{d}}_M = 0$ verlangt, bedeutet das das *Verschwinden des Massendipolanteils* der Gravitationsstrahlung.

Magnetische Dipolstrahlung hängt von der zweiten Ableitung des magnetischen Dipolmoments $\ddot{\vec{\mu}}$ ab. Das Gravitationsanalogon zum magnetischen Dipol ist der Gesamtdrehimpuls $\vec{J}$ einer Masseverteilung. Da der Gesamtdrehimpuls aber auch eine Erhaltungsgröße ist, verschwindet auch dieser Anteil für Gravitationsstrahlung, woraus folgt, dass *Gravitationsstrahlung keine Art von Dipolstrahlung enthält.*

Für Quadrupolstrahlung gilt in der Elektrodynamik mit dem Quadrupoltensor

$$Q_{ij}^{EM} = \sum_k q_k \left(x_i^{(k)} x_j^{(k)} - \frac{1}{3}\delta_{ij} r^{(k)} \right) = \int \rho_{EM} \left(x_i x_k - \frac{1}{3}\delta_{ij} r \right) d^3x \tag{5.4}$$

für die Leuchtkraft von Quadrupolstrahlung

$$L_{EM} = \frac{1}{20} \sum_{ij} \dddot{Q}_{ij}^{EM}\dddot{Q}_{ij}^{EM} \;. \tag{5.5}$$

Analog definiert man für Gravitationswellen einen *reduzierten Massenquadrupoltensor*

$$\mathbf{I}_{ij} = \sum_k m_k \left(x_i^{(k)} x_j^{(k)} - \frac{1}{3}\delta_{ij} r^{(k)} \right) = \int \rho_M \left(x_i x_k - \frac{1}{3}\delta_{ij} r \right) d^3x \;. \tag{5.6}$$

Der reduzierte Massenquadrupoltensor ist per Definition der spurfreie Anteil des zweiten Moments der Massenverteilung

$$I_{ij} = \int \rho_M x_i x_j d^3x \;. \tag{5.7}$$

Für die Gravitationsversion von (5.4) ergeben sich jedoch ein anderer Vorfaktor und eine Mittelung der dritten Zeitableitungen des reduzierten Massenquadrupoltensors über mehrere Wellenlängen und daraus dann die *Einsteinsche Quadrupolformel*

$$\boxed{\; L_M = \frac{1}{5} \left\langle \sum_{ij} \dddot{\mathbf{I}}_{ij}\,\dddot{\mathbf{I}}_{ij} \right\rangle \;.\;} \tag{5.8}$$

Diese Beziehung gilt nur in der „*slow - motion & weak internal gravity*" - *Näherung*, also $v \ll c$ und $\Phi \ll c^2$ mit Φ dem *Newtonschen Gravitationspotential*. Der Faktor $1/5$ kommt aus einer Betrachtung, in der die exakte Feldgleichung in $\psi_{\mu\nu}$ mit einem Korrekturpseudotensor für $T_{\mu\nu}$, der quadratische und höhere Terme von $\psi_{\mu\nu}$ enthält, geschrieben wird. Dadurch ergibt sich die Beziehung zwischen $h_{\mu\nu}^{TT}$ und $\dddot{\mathbf{I}}_{ij}$:

$$h_{ij}^{TT} = \frac{2}{r}\ddot{\mathbf{I}}_{ij}^{TT}\,(t-r) + \mathcal{O}\left(\frac{1}{r^2}\dot{\mathbf{I}}_{ij}^{TT}\,(t-r) \right) \tag{5.9}$$

die dann über (4.84) zu (5.8) führt. [, Kap. 36.7, 36.10].

Die Tatsache, dass Gravitationsstrahlung hauptsächlich quadrupolar ist, spiegelt ein Theorem wieder, das Aussagen über die Zerlegung in Kugelflächenfunktionen macht. Dipolstrahlung entspricht Kugelflächenfunktionen mit Index $l = 1$, Quadrupolstrahlung dem Index $l = 2$. Das Theorem besagt nun, dass bei der Entwicklung eines Strahlungsfeldes mit Spin S in Kugelflächenfunktionen alle Beiträge mit Index $l < S$ verschwinden, also der niedrigste Beitrag von $l = S$ kommt. Daher muss bei elektromagnetischer

Strahlung ($S = 1$) der Monopolanteil ($l = 0$) verschwinden, bei Gravitationsstrahlung mit $S = 2$ muss deshalb auch der Dipolanteil ($l = 1$) verschwinden [, S. 977].

Gravitationsstrahlung ist wegen der Schwäche der Gravitationswechselwirkung prinzipiell eine schwache Strahlung, was am Vorfaktor ($G = c = 1$!) in (5.8) ersichtlich ist, der sich dann in SI - Einheiten in der Größenordnung von

$$\frac{G}{5c^5} \approx \frac{6.7 \times 10^{-11}}{1215 \times 10^{40}} \frac{s^2}{kg\ m^2} \approx 5.51 \times 10^{-54} \frac{s^2}{kg\ m^2} \tag{5.10}$$

bewegt. Signifikante Strahlung ist demnach nur von Systemen erwarten, bei denen sich große Massen mit schnellen Geschwindigkeiten bewegen, was eine Erzeugung von Gravitationswellen im messbaren Bereich im Labor unmöglich macht. Außerdem ist Gravitationsstrahlung nur bei Quellen zu erwarten, deren dritte Zeitableitung des reduzierten Quadrupolmoments nicht verschwindet. Diese Tatsache schließt alle kugelsymmetrischen (auch dynamische) Quellen wie z.B. pulsierende oder kollabierende sphärische Systeme als potentielle Strahlungsquellen aus [, S. 36].

5.2 Doppelsternsysteme

Als Beispiel eines Systems, das Gravitationsstrahlung aussendet, kann man Doppelsternsysteme betrachten. Es handelt sich dabei idealerweise um 2 Massepunkte M_1 und M_2, die in den Abständen a_1 und a_2 um ihren gemeinsamen Schwerpunkt kreisen. Nach dem 3. Keplerschen Gesetz gilt für die Winkelgeschwindigkeit und den Abstand $a = a_1 + a_2$ der Massen voneinander

$$\omega^2 a^3 = M := M_1 + M_2 \ . \tag{5.11}$$

Legt man nun die z - Achse des Koordinatensystems in die Rotationsachse des Systems, so gilt zunächst mit der reduzierten Masse

$$\mu = \frac{M_1 M_2}{M_1 + M_2} \tag{5.12}$$

für die Massen M_1 und M_2 und die Abstände a_1 und a_2

$$M_1 a_1 = M_2 a_2 = \mu a \ , \tag{5.13}$$

da der Schwerpunkt als Ursprung gewählt wurde. Für I_{xx} mit $\varphi = \omega t$ dem Winkel zwischen der x - Achse und der Verbindungslinie zwischen den beiden Massen nach (5.6) ergibt sich dann

$$
\begin{aligned}
I_{xx} \ &= \ M_1 \left(a_1^2 \cos^2 \varphi - \frac{1}{3} a_1^2 \right) + M_2 \left(a_2^2 \cos^2 \varphi - \frac{1}{3} a_2^2 \right) \\
&\overset{(5.13)}{=} \ \mu a^2 \underbrace{\cos^2 \varphi}_{\frac{1}{2}(1 + \cos 2\varphi)} - \frac{1}{3} \underbrace{\left(M_1 a_1^2 + M_2 a_2^2 \right)}_{\neq f(t) = const} \\
&= \ \frac{1}{2} \mu a^2 \cos 2\varphi + const \ .
\end{aligned}
\tag{5.14}
$$

Für I_{yy} gilt dann mit $\sin^2 \varphi = 1 - \cos^2 \varphi = \frac{1}{2}(1 - \cos 2\varphi)$ für den yy - Anteil

$$I_{yy} = -\frac{1}{2} \mu a^2 \cos 2\varphi + const \ . \tag{5.15}$$

Die symmetrischen xy - Anteile ergeben sich zu

$$I_{xy} = I_{yx} = \frac{1}{2} \mu a^2 \sin 2\varphi \ . \tag{5.16}$$

Die dritten Zeitableitungen der Komponenten lauten dann weiters

$$\dddot{I}_{xx} = -\dddot{I}_{yy} = -\frac{1}{2} \mu a^2 (2\omega)^3 \sin 2\varphi = -4\mu a^2 \omega^3 \sin 2\varphi \ , \tag{5.17}$$

$$\dddot{I}_{yx} = \dddot{I}_{xy} = -\frac{1}{2} \mu a^2 (2\omega)^3 \cos 2\varphi = -4\mu a^2 \omega^3 \cos 2\varphi \ . \tag{5.18}$$

Damit ergibt sich mit $\varphi = \omega t$ die Leuchtkraft des Systems nach (5.8) als Mittelwert über die Summe aller Komponenten der dritten Zeitableitung des Quadrupoltensors:

$$
\begin{aligned}
L_{DS} \;&=\; \frac{1}{5}\left\langle \sum_{ij} \dddot{I}_{ij}\,\dddot{I}_{ij} \right\rangle \\[2mm]
&=\; \frac{1}{5}\left(4\mu a^2 \omega^3\right)^2 \left(2\underbrace{\left\langle \sin^2 2\varphi \right\rangle}_{\frac{1}{2}} + 2\underbrace{\left\langle \cos^2 2\varphi \right\rangle}_{\frac{1}{2}} \right) \\[2mm]
&\stackrel{(5.11)}{=}\; \frac{32}{5}\mu^2 a^4 \frac{M^3}{a^9} \\[2mm]
&=\; \frac{32}{5}\frac{M^3 \mu^2}{a^5}\ .
\end{aligned}
\tag{5.19}
$$

Als Beispiel ergibt sich für ein Doppelsternsystem mit 2 Sternen im Abstand $a = 10^{15}\ m$ voneinander und mit Sonnenmasse $M = M_\odot = 1.99 \cdot 10^{30}\ kg$ mit

$$
\begin{aligned}
\mu &= \frac{M_\odot^2}{2M_\odot} = \frac{M_\odot}{2}\ , \\[2mm]
M &= 2M_\odot
\end{aligned}
$$

die Leuchtkraft in SI - Einheiten[12]

$$
L = \frac{32}{5}\frac{G^4}{c^5}\frac{8M_\odot^3}{a^5}\frac{M_\odot^2}{4} = \frac{64}{5}\frac{G^4}{c^5}\frac{M_\odot^5}{a^5} \approx 3.27 \cdot 10^{-6}\ W\ .
\tag{5.20}
$$

Man beachte, dass die abgestrahlte Energie invers zur 5. Potenz des Abstandes proportional ist. Da der Energieverlust durch Gravitationsstrahlung zu einer Abnahme der Umdrehungsperiode und damit auch zu einer Abnahme des Abstandes a führt, wächst die abgestrahlte Energie rasant mit kleiner werdendem a. Dort versagt aber auch die Näherung für die Einsteinsche Quadrupolformel.

5.3 Allgemeine Quellen

Allgemeine astrophysikalische Quellen stellen eine Vielzahl unterschiedlicher Signalquellen für Gravitationsstrahlung dar. Das Spektrum der erwarteten Signale ist dabei weit gefächert, ebenso die erwarteten Strahlungsenergien.

Doppelsterne / Binärpulsare: Systeme mit Radiopulsaren[13] ermöglichen eine genaue Messung der Abnahme der Rotationsperiode durch *Pulsar - Timing*, die durch gravitationsstrahlungsbedingten Energieverlust hervorgerufen wird. Doppelsternsysteme senden ein periodisches Gravitationswellensignal mit doppelter Bahnfrequenz aus. Diese Frequenzen bewegen sich im Bereich von einigen hundert Hz. Bei genügend großem Abstand der beiden Sterne ist eine Beschreibung durch ein idealisiertes Doppelsternsystem bzw. der Einsteinschen Quadrupolformel möglich. Durch den Enrgieverlsut kommen sich die beiden Sterne jedoch immer näher und nichtlineare Effekte spielen eine immer größere Rolle, bis es zur Verschmelzung kommt. Bis zu diesem Zeitpunkt emittiert das System ein charakteristisches, in Amplitude und Frequenz ansteigendes periodisches Signal, das so genannte *„chirp" - Signal*. Eine detailliertere Behandlung des Porblems ist in [, Kap. 2.3.] zu finden.

---

[12]Verwendung eines Vorfaktors α für richtige Dimensionsbehaftung: $\left[L_{DS}^{SI}\right] = \frac{kg\ m^2}{s^3} \stackrel{(5.19)}{=} [\alpha]\frac{kg^5}{m^5} \rightarrow [\alpha] = \frac{m^7}{kg^4\ s^3} \rightarrow \alpha = \frac{G^4}{c^5}$

[13]rotierende Neutronensterne, die extrem präzise periodische, gerichtete Radiosignale aussenden.

Rotierenede Neutronensterne: Um ihre Symmetrieachse rotierende axialsymmetrische Systeme senden wegen dem dadurch konstanten Quadrupolmoment keine gravitative Strahlung aus. Ist die Axialsymmterie jedoch leicht gebrochen (Unregelmäßigkeiten) oder fällt die Rotationsachse nicht mit der Symmetrieachse zusammen, so ist Gravitationsstrahlung möglich. Das erhaltene Signalbild ist natürlich stark von der vorliegenden Geometrie des Problems abhängig, entscheidend ist jedoch ein Unterschied in den Trägheitsmomenten senkrecht zur Rotationsachse.

Bei Rotation um eine Hauptachse (d.h. Unterschied in den beiden dazu senkrechten Hauptträgheitsmomenten wichtig!) entspricht die Frequenz des emittierten Signals der doppelten Rotationsgeschwindigkeit. Im Falle einer allgemeinen Drehung können die Hauptträgheitsmomente gleich sein, die Asymmetrie ergibt sich durch die andere Lage der Rotationsachse. Hier wird die ausgesandte Strahlung von einem Frequenzanteil entsprechend der Rotationsfrequenz dominiert.

Allgemein ist die abgestrahlte Leistung proportional zur *sechsten Potenz der Rotationsgeschwindigkeit* bzw. zum *Quadrat des Taumelwinkels* bei Rotation um eine allgemeine Achse. [, Kap. 2.1.2.].

Supernovae: Gravitationsbedingte Supernovae senden durch Konvektionen, Neutrinos und instabile Entropie- bzw. Leptonengradienten kurze charakteristische Gravitationswellenstöße (*„bursts"*) aus. Prinzipiell besteht das ausgesandte Signal aus einem ca. 10 - 20 ms langen, von *Konvektionen im Proto - Neutronenstern - Gebiet* (bis ca. 50 km radiale Ausdehnung) hervorgerufenen Anteil mit einer Frequenz im Bereich von 100 - 1000 Hz und einem ca. 50 - 80 ms langen, von *Konvektionen in der heißen Blase* (ca. 100 - 1000 km radiale Ausdehnung) hervorgerufenen Anteil mit einer Frequenz im Bereich von 10 - 100 Hz. Die Berechnung des Gravitationswellensignals erfolgt durch Entwicklung des Strahlungsfeldes der Energie - Impulstensorkomponenten und deren Amplituden nach Kugelflächenfunktionen. Die allgemeine Form beinhaltet zuletzt die Integration über die Quadrate der Zeitableitungen der berechneten Kugelflächen - Amplituden. Theoretische Vorhersagen über Signale dieser Art sind nur über numerische Simulationen möglich [, Kap. 2.2.]. Der erwartete Frequenzbereich solcher Signale liegt bei einigen kHz [, Fig. 7.12].

Massereiche schwarze Löcher: Es ist auch möglich, „Doppelsternsysteme" aus extrem massereichen schwarzen Löchern zu betrachten. Aufgrund ihrer hohen Massen sind messbare Signale bei noch relativ geringen Rotationsfrequenzen möglich, die erwarteten Gravitationswellenfrequenzen erstrecken sich vom sub - Hz Bereich bis in den Bereich einiger weniger Hz.

Allgemein ist eine komplizierte Beschreibung von auf extrem gekrümmten Raumzeiten propagierenden Gravitationswellen notwendig. Aufgrund geringer Gravitationspotentiale und der großen Entfernung zwischen erwarteten Quellen und der Erde können einlaufende Gravitationswellensignale jedoch als eine Superposition von ebenen Wellen auf einer flachen Hintergrundmetrik betrachtet werden. Extrem gekrümmte Raumzeiten unter Anwesenheit extremer Massendichten rufen Effekte wie Brechung, Beugung und Streuung der Gravitationswellen hervor.

6 Detektion

Aufgrund der Schwäche von Gravitationsstrahlung (5.10) stellt der Nachweis von Gravitationsstrahlung eine sehr große Herausforderung dar. Je nach Detektionsprinzip ist die Größenordnung der Metrikstörung $h_{\mu\nu}$ von Belang, die bei oben erwähnten, geringen Energien ebenfalls äußerst geringe relative Längenänderungen $\frac{\Delta l}{l}$ zwischen Testkörpern im Bereich von 10^{-21} hervorrufen. Dementsprechend ist bis heute ein *direkter Nachweis* von Gravitationswellen noch nicht gelungen. Es gelang jedoch im Jahre 1974 *R. Hulse und J. Taylor* anhand des Energieverlustes bzw. der Umlaufperiodenabnahme des Binärpulsars PSR B1913+16 Gravitationsstrahlung indirekt nachzuweisen, da die beobachtete Periodenabnahme mit den Vorhersagen der Theorie übereinstimmte [ ]. Für diese Entdeckung wurde beiden dann 1993 auch der Nobelpreis für *„die Entdeckung eines neuen Typs von Pulsar, der neue Möglichkeiten zur Erforschung der Gravitation eröffnete"*, verliehen [Wikipedia, http://de.wikipedia.org/wiki/Russell_Hulse].

Als Pionier in der Gravitationswellendetektion begann *Joseph Weber* in den sechziger Jahren, erste mechanische Detektoren zum Nachweis von Gravitationsstrahlung zu bauen. Er verwendete massive Aluminiumzylinder von $\approx 1\,t$ als resonante Detektoren und behauptete, in Form von Koinzidenzmessungen mehrere Gravitationswellenereignisse pro Woche gemessen zu haben. Weber veröffentlichte daraufhin auch seine Ergebnisse, die aber bis heute umstritten bleiben, da die von Weber gemessenen Signale mehrere Supernovae pro Woche in unserer Galaxie bedeutet hätten, was aufgrund anderer astronomischer Beobachtungen nicht sinnvoll erscheint. Weber beharrte jedoch weiterhin auf seine Messergebnisse und forschte verbissen weiter. Bis heute sind seine Messergebnisse umstritten und sein wissenschaftlicher Ruf leider fraglich [ ].

Heute liegt das Augenmerk vor allem auf *interferometrischen* Gravitationswellendetektoren und neuartigen, im Subkelvinbereich operierenden *Resonanzdetektoren*.

6.1 Interferometrische Detektoren

Bei Detektoren dieses Typs handelt es sich um *Michelson - Interferometer*, bestehend aus einem Laser, einem Strahlteiler, 2 Spiegeln und einem Photodetektor. Die 2 Spiegel fungieren dabei als Testmassen, auf die einlaufende Gravitationswellen wirken sollen. Durch Gravitationswellen verursachte Abstandsänderungen der 2 Spiegel zum Strahlteiler können dann in Form einer Phasenverschiebung der 2 Lichtstrahlen und der dadurch entstehenden Interferenzänderung nach dem Strahlteiler nachgewiesen werden.

Betrachtet wird ein Michelson - Interferometer in der y - z - Ebene, dessen beide Arme einen Winkel von 90° einschließen. Als erstes Konzept wird nun eine Gravitationswelle in $\mathbf{e}_+$ - Polarisation[14], die sich in x - Richtung ausbreitet, betrachtet, die auf das Interferometer trifft. Gemäß (4.75) und (4.76) schwingen nun beide Spiegel als Testmassen gegenläufig relativ zum Strahlteiler, was die Abstände zwischen den Spiegeln und dem Strahlteiler jeweils unterschiedlich verändert. Die sich daraus ergebende Interferenz der beiden Teilstrahlen nach dem Strahlteiler misst nun die relative Änderung der beiden Abstände und kann damit als Nachweis von Gravitationswellen dienen. Siehe dazu Abbildung 3.

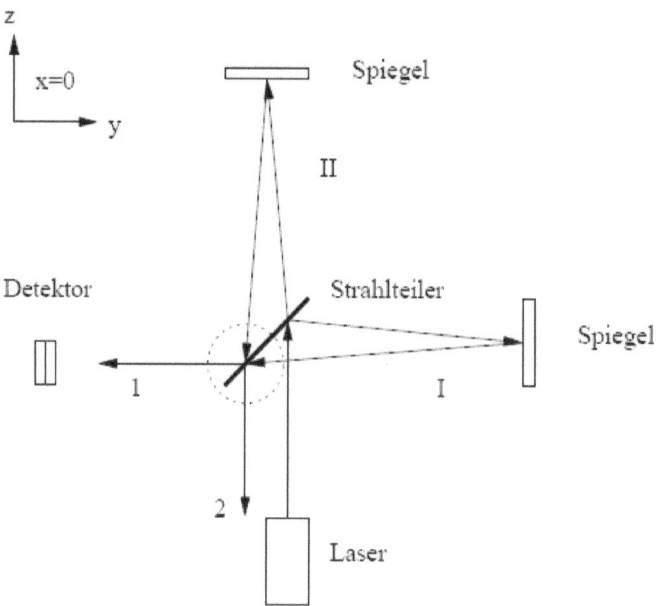

Abbildung 3: Schematischer Aufbau eines Michelson - Interferometers als interferometrischer Detektor. [, S. 120]

---

[14]O.B.d.A. wird zunächst eine reine $\mathbf{e}_+$ - Welle betrachtet, da diese Polarisation in betrachteter Geometrie optimal an das Interferometer ankoppelt.

Man kann nun argumentieren, dass Gravitationswellen als Raumzeitkrümmung ja sowohl die Interferometerarmlänge als auch die Lichtwelle des Lasers gleichermaßen betrifft und dadurch kein resultierender Effekt gemessen werden kann. Es ist zwar korrekt, dass die Wellenlänge des Laserlichts von der Gravitationswelle verändert wird, jedoch auf eine andere Art und Weise als der Spiegelabstand. Da der reine Wellencharakter einer Gravitationswelle in der TT - Eichung codiert ist und dort die Störung $h_{\mu\nu}$ nur Raumanteile besitzt, wird in diesem Sinne durch die Gravitationswelle *nur der Raum „verbogen"* und das Laserlicht erfährt eine Phasenänderung. [, S. 92]

Für eine quantitative Beschreibung der Wellenlängenveränderung des Laserlichts siehe [ ].

6.1.1 Mitbewegte Koordinaten

Man kann nun die Effekte einer einlaufenden Gravitationswelle in 2 spezielle Koordinatensysteme betrachten. Die *mitbewegten Koordinaten* sind fest mit den Spiegeln verbunden. Das heißt, die Weltlinien der Spiegel haben fixe räumliche Koordinaten (x^1, x^2, x^3), welche eine bloße „Numerierung" der jeweiligen Weltlinien der Spiegel darstellen [, S. 715-717]. Nach [, Kap. 9.2] gilt in diesem Koordinatensystem für das Fernfeld einer Gravitationswelle mit Ausbreitung in x - Richtung

$$
\begin{aligned}
ds^2 &= \left(\eta_{\mu\nu} + h_{\mu\nu}^{TT}\right) dx^\mu dx^\nu \\
&= -dt^2 + dx^2 + dy^2 + dz^2 + h_+\left(dy^2 - dz^2\right) ,
\end{aligned}
\tag{6.1}
$$

mit h_+ nach (4.65) als reiner Funktion von $(t - x)$ und $h_\times = 0$ für eine Welle in $\mathbf{e}_+$ - Polarisation.

Wegen der Divergenzfreiheit von $h_{\mu\nu}^{TT}$ verschwinden die Christoffelvernetzungen und die Geodätengleichung mit der Eigenzeit τ als Parameter wird zu

$$
\frac{d^2 x^i}{d\tau^2} = 0 \implies x^i(\tau) = x_0^i + u_0^i \tau .
\tag{6.2}
$$

Das heißt, dass anfänglich ruhende Körper ($u_0^i = 0$) auch weiterhin in Ruhe bleiben

$$
x^i(\tau) = x_0^i .
\tag{6.3}
$$

Für das Laserlicht im Interferometer gilt nun $ds^2 = 0$ (lichtartig!) und $dx = 0$ wegen der Lichtausbreitung in der y - z - Ebene. Es sollen nun die unterschiedlichen Entwicklungen der Phasen des Lichts in den Armen I und II (siehe Abbildung 3) untersucht werden. Verwendet man nun, dass die Frequenz des Laserlichtes konstant bleibt und schiebt die Veränderung der Wellenlänge auf eine variable Ausbreitungsgeschwindigkeit, hervorgerufen durch einen effektiven Brechungsindex n, so gilt für die Phase entlang des Lichtstrahls mit $\omega = const., k = const.$

$$
\phi = -\omega t + \vec{k}\vec{r} ,
\tag{6.4}
$$

$$
d\phi = -\omega dt + \vec{k}d\vec{r} = 0 .
\tag{6.5}
$$

Für die Phasendifferenzen am Ort der Überlagerung der beiden Teilstrahlen an Ausgang 1 bzw. 2 (eingekreistes Gebiet in Abbildung 3) gilt dann

$$
\Delta\phi_1 = \int_{II} d\phi - \int_{I} d\phi ,
\tag{6.6}
$$

$$
\Delta\phi_2 = \Delta\phi_1 + \pi
\tag{6.7}
$$

wegen dem zweifachen Phasensprung am Strahlteiler bei Ausgang 2 für Strahl I.

Strahl I: Hier gilt außerdem $dz = 0$ und daraus nach (6.1) mit $ds^2 = 0$

$$
dt^2 = (1 + h_+(t))\, dy^2
\tag{6.8}
$$

und mit der Taylorentwicklung der Wurzel $\sqrt{1 + x} = 1 + \frac{1}{2}x - \frac{1}{8}x^2 + \dots$

$$
\frac{dt}{dy} = 1 + \frac{1}{2}h_+(t) .
\tag{6.9}
$$

Strahl II: Mit $dy = 0$ gilt hier nach (6.1) mit $ds^2 = 0$ und der Taylorentwicklung der Wurzel

$$\frac{dt}{dz} = 1 - \frac{1}{2}h_+(t) \ . \tag{6.10}$$

Nach Einführung des effektiven Brechungsindexes $\frac{dt}{dl} = n$ ($c = 1!$) mit $dl = dy$ für Strahl I bzw. $dl = dz$ für Strahl II ergibt sich für die effektive Lichtgeschwindigkeit des Laserlichts in mitbewegten Koordinaten

$$\frac{dl}{dt} = \frac{1}{n} = \frac{1}{1 \pm \frac{1}{2}h_+(t)} \tag{6.11}$$

und es folgt gemäß (6.6) nach einigen Rechenschritten [, S. 121-122]

$$\Delta\phi_1 = 2\omega\left(l_y - l_z\right) + \frac{\omega}{2}\left(\int_{t-2l_y}^{t} h_+(t')dt' + \int_{t-2l_z}^{t} h_+(t')dt'\right) \ , \tag{6.12}$$

mit den Interferometerarmlängen l_y und l_z. Da die Störung gering im Bereich der Laserlaufzeiten variiert, kann man im Störterm $l_y = l_z = l$ annehmen, woraus sich dann

$$\Delta\phi_1 = 2\omega\left(l_y - l_z\right) + \omega\int_{t-2l}^{t} h_+(t')dt' \tag{6.13}$$

ergibt. Für die Intensitäten an den Ausgängen 1 und 2 gilt nun

$$I_1 = \frac{I_0}{2}\left(1 + \cos\left(\Delta\phi_1\right)\right) \ , \tag{6.14}$$

$$I_2 = \frac{I_0}{2}\left(1 + \cos\left(\Delta\phi_2\right)\right) \ . \tag{6.15}$$

Wegen (6.7) gilt $\cos\left(\Delta\phi_1\right) = -\cos\left(\Delta\phi_2\right)$ und damit $I_1 + I_2 = I_0$. Nach Einsetzen und unter der Annahme, dass der integrale Störterm klein ist, ergibt sich zunächst mit $\cos(x_1 \pm x_2) = \cos(x_1)\cos(x_2) \mp \sin(x_1)\sin(x_2)$

$$\begin{aligned}
\cos\left(\Delta\phi_{1,2}\right) &= \pm\cos\left(2\omega\left(l_y - l_z\right)\right)\underbrace{\cos\left(\int_{t-2l}^{t} h_+(t')dt'\right)}_{\approx 1} \\
&\quad \mp \omega\sin\left(2\omega\left(l_y - l_z\right)\right)\underbrace{\sin\left(\int_{t-2l}^{t} h_+(t')dt'\right)}_{\approx \int_{t-2l}^{t} h_+(t')dt'} \\[2mm]
&= \pm\cos\left(2\omega\left(l_y - l_z\right)\right) \mp \omega\sin\left(2\omega\left(l_y - l_z\right)\right)\int_{t-2l}^{t} h_+(t')dt' \ .
\end{aligned} \tag{6.16, 6.17}$$

Zuletzt ergibt sich mit der Forderung

$$l_y - l_z = \frac{\lambda}{8} \tag{6.18}$$

an die Interferometerarme, die den Beitrag des Störterms maximiert, für die Intensitäten

$$\boxed{I_{1,2} = \frac{I_0}{2}\left(1 \mp \int_{t-2l}^{t} h_+(t')dt'\right) \ .} \tag{6.19}$$

Die Forderung (6.18) entfällt bei der Verwendung einer *Pockelszelle* in einem Strahlengang, mit der die Phase eines Teilstrahls gezielt manipuliert werden kann. Bei den meisten operativen Interferometern wird eine Pockelszelle und $l_y = l_z$ verwendet.

Setzt man nun für die Störung eine periodische Funktion

$$h_+(t) = h_+^0\cos(\omega_{GW}t) \tag{6.20}$$

an, so erhält man für die Fluktuation der Intensität

$$\Delta I_1 = I_1(t) - \frac{1}{2} I_0 = -I_0 \frac{\omega}{\omega_{GW}} h_+^0 \sin\left(\omega_{GW} l\right) \cos\left(\omega_{GW}\left(\omega - l\right)\right) \; . \tag{6.21}$$

Die Amplitude dieses Terms wird maximal, wenn die Armlänge des Interferometers auf die Wellenlänge der einlaufenden Gravitationswelle wie folgt abgestimmt wird

$$\boxed{l \stackrel{!}{=} \frac{\lambda_{GW}}{4}} \; . \tag{6.22}$$

Von astrophysikalischen Quellen wird Gravitationsstrahlung im Wellenlängenbereich von $\lambda_{GW} > 10^5 \; m$ erwartet, was eine optimale Armlänge von $l > 10^4 \; m$ fordert. In der Praxis werden Armlängen im Bereich von $\approx 4 \; km$ verwendet, die für den Lichtstrahl erforderlichen langen Distanzen werden durch Mehrfachreflexionen realisiert, indem ein zusätzlicher Spiegel in jeden Interferometerarm (*„delay lines"*) bzw. eine Fabry - Perot - Anordnung (*„Fabry - Perot - cavities"*) eingebracht wird.

6.1.2 Fermi - Normalkoordinaten

Die sogenannten *Fermi - Normalkoordinaten* hingegen beschreiben die gekrümmte Raumzeit in der unmittelbaren Umgebung eines beschleunigten Beobachters[15], der Koordinatenursprung $x^\mu = 0$ entspricht nun der Position des Beobachters und beschreibt demnach eine zeitartige Kurve durch die Raumzeit. Nach [, Kap. 13.6] gilt dann für das Linienelement in 2. Ordnung in x^μ um den Ursprung

$$ds^2 = -\left(1 + R_{0m0n} x^m x^n\right) dt^2 - \left(\frac{4}{3} R_{0mjn} x^m x^n\right) dt\, dx^j + \left(\delta_{ij} - \frac{1}{3} R_{imjn} x^m x^n\right) dx^i dx^j \; . \tag{6.23}$$

Mit den Komponenten des Riemanntensors in TT - Eichung nach (4.64) bleibt nur ein rein zeitlicher Beitrag für das Linienelement

$$ds^2 = \left(\frac{1}{2} \ddot{h}_{ij}^{TT} x^i x^j - 1\right) dt^2 + dx^2 + dy^2 + dz^2 \; . \tag{6.24}$$

Die Geodätengleichung wird dann zu

$$\frac{d^2 x^i}{d\tau^2} = \frac{1}{2} \ddot{h}_{ij}^{TT} x^j \; . \tag{6.25}$$

Diese Gleichung kann näherungsweise gelöst werden zu

$$x^i(t) = x_0^i + \frac{1}{2} h_{ij}^{TT}(t) x_0^j \; . \tag{6.26}$$

In diesem Koordinatensystem sind die Spiegel also in Bewegung. Für die Lichtausbreitung des Lasers gilt wiederum mit $ds^2 = 0$ und (6.24)

$$dl^2 = \left(1 - \frac{1}{2} \ddot{h}_{\mu\nu}^{TT} x^\mu x^\nu\right) dt^2 \; , \tag{6.27}$$

mit $dl = dy$ für Strahl I und $dl = dz$ für Strahl II. Taylorentwickeln der Wurzel[16] liefert dann für den effektiven Brechungsindex $n = \frac{dt}{dl}$ in Fermi - Normalkoordinaten

$$\frac{dt}{dl} = n = 1 + \underbrace{\frac{1}{4} \ddot{h}_{ij}^{TT} x^i x^j}_{\ll 1} \approx 1 \; , \tag{6.28}$$

---

[15] D.h. dieser bewegt sich nicht auf einer Geodäte, sondern auf einer zeitartigen Weltlinie, was bei einem auf der Erdoberfläche positioniertem Interferometer der Fall ist.

[16] $\frac{1}{\sqrt{1-x}} = 1 + \frac{x}{2} + \frac{3x^2}{8} + \dots$

mit $x^i \propto l$ und $\ddot{h}_{ij}^{TT} \propto \omega_{GW}^2 h_{ij}^{TT}$. In diesem Sinne bemerkt das Licht nichts von der einlaufenden Gravitationswelle, sehr wohl aber die Bewegung der Spiegel gemäß (6.26). Differentiation von (6.26) nach der Zeit t liefert eine Transformationsgleichung für Geschwindigkeiten (insbesondere auch der Lichtgeschwindigkeit) zwischen den beiden erwähnten Koordinatensystemen

$$\frac{dx^i(t)}{dt} \approx \frac{dx_0^i}{dt} + \frac{1}{2} h_{ij}^{TT}(t) \frac{dx_0^j}{dt} \; , \tag{6.29}$$

mit x_0^i der fixen Position in *mitbewegten Koordinaten*. Diese Näherung gilt nur im Falle von $\dot{h}x \propto \omega_{GW} hx \ll h\dot{x}$ und liefert die gleiche Beziehung wie (6.11)[, S. 127]!

Wesentlicher Unterschied zwischen den beiden Betrachtungsweisen ist die Tatsache, dass für das Licht des Lasers in *mitbewegten Koordinaten* zwar die Spiegel in Ruhe bleiben, das Licht jedoch einen, durch die einlaufende Gravitationswelle verursachten, zeitliche veränderlichen *Brechungsindex* sieht. In *Fermi - Normalkoordinaten* bemerkt das Licht keine Änderung des Brechungsindexes, sehr wohl aber die durch die einlaufende Gravitationwelle verursachten Bewegungen der beiden Spiegel.

6.1.3 Detektorempfindlichkeit

Aufgrund der extrem geringen, durch Gravitationswellen verursachten Effekte, werden höchste Anforderungen an den experimentellen Aufbau gestellt. Die hervorgerufenen relativen Längenänderungen durch die Schwingungen der Spiegel als Testmassen bewegen sich, wie bereits erwähnt, in der Größenordnung von $\approx 10^{-21}$. In der Praxis werden Interferometer mit Armlängen von mehreren Kilometern verwendet. Der Strahl des benutzten monochromatischen Hochleistungslasers verläuft dabei in Ultrahochvakuum, was bedeutet, dass sämtliche optischen Wege unter Ultrahochvakuum stehen müssen, um mögliche luftbedingte Phasenverschiebungen des Laserstrahls zu unterbinden. Außerdem müssen zahlreiche Störquellen optimal unterdrückt, die Empfindlichkeit des Fotodetektors maximal, das Vakuum in den Lichtarmen von entsprechender Güte und die Verarbeitung der verwendeten Materialien (Spiegel, Strahlteiler, Delay Lines bzw. Fabry - Perot - cavities, etc.) äußerst präzise sein, um in der Lage zu sein, eine einlaufende Gravitationswelle nachweisen zu können. Die größten Probleme hinsichtlich einer passablen Detektorgenauigkeit stellten in der Praxis bis jetzt die Laserleistung sowie die Spiegelfertigung dar.

Nach [, Kap. 3.1] gilt für die Genauigkeit der Amplitudenmessung der periodischen Störung aufgrund der Poissonstatistik für die Photonen das Lasers

$$h_+^0 \geq \sqrt{\frac{\hbar \nu_{GW}^3 \pi}{\epsilon \nu P}} \; , \tag{6.30}$$

mit ν_{GW} der Frequenz der einlaufenden Gravitationswelle, ϵ dem Ansprechfaktor des Photodetektors, ν der Frequenz des Laserlichts und P der Leistung des Lasers.

Die minimalen Effekte einer Gravitationswelle können nun von verschiedenen Rauschquellen überlagert werden, die es zu minimieren gilt. Am gefährdetsten sind hier die Spiegel als Testmassen, die vor jeglicher Erschütterung zu bewahren sind. Aus diesem Grund wurden in der Praxis ausgeklügelte Dämpfungs- und Aufhängmechanismen entwickeln, um eine möglichst erschütterungsfreie Positionierung zu gewährleisten. Die ausschlaggebende Größe für diese Behandlung ist die *spektrale Detektorempfindlichkeit* $h_{rms}(\nu)$ in $\mathrm{Hz}^{-1/2}$. Sie gibt das mittlere Rauschniveau des Detektors bei einer bestimmten Frequenz an. Für Quellen mit intrinsischen Zeitskalen im Millisekundenbereich und dadurch einer Frequenzbandbreite von ≈ 1000 Hz bedeutet das eine spektrale Empfindlichkeit von mindestens $3 \cdot 10^{-23}$ $\mathrm{Hz}^{-1/2}$. Folgende Rauschquellen haben den größten Einfluss auf die Detektorempfindlichkeit:

Seismisches Rauschen: Seismische Aktivitäten liefern den hauptsächlichen Rauschbeitrag im unteren Bereich des Spektrums von Interferometrischen Detektoren. In den meisten, seismisch relativ ruhigen Gebieten gilt für das seismische Rauschleistungsspektrum

$$h_{seism} \approx \frac{10^{-7}}{\nu^2} \frac{m}{\sqrt{Hz}} \; .$$

Für die Nachweisbarkeit eines Gravitationswellensignals im Bereich von $\approx 10^{-19}$ erfordert das eine Unterdrückung des seismischen Rauschen um einen Faktor $\approx 10^{9}$. Man verwendet hier ausgeklügelte Dämpfungs - und Aufhängungsmechanismen für die Testmassen und die übrigen optischen Elemente in Form von Federn und Pendeln. Diese Feder - bzw. Pendelsysteme bewirken eine Dämpfung aller Erschütterungen mit Frequenzen oberhalb ihrer Resonanzfrequenz ν_{res}. Daher werden Systeme mit sehr geringen Eigenfrequenzen eingesetzt, deren Dämpfungsvermögen $\propto \nu_{res}^{-2}$ ist. Der Detektor *GEO 600* südlich von Hannover etwa verwendet eine dreistufige Kombination von Pendeln und Federn, auf der die Spiegel aufgehängt sind, der Detektor *VIRGO* in Italien sogar eine siebenstufige [ ].

Thermisches Rauschen: Eigenschwingungen der Spiegel und der letzten Kontaktteile des Federungsmechanismus' bei endlichen Temperaturen generieren Rauschen im mittleren Messbereich des Interferometers (≈ 100 Hz). Diese Resonanzen werden durch geometrische Formung der Bauelemente bzw. durch geschickte Wahl der verwendeten Materialien dadurch unterdrückt, dass die Bauteile nun hohe Eigenfrequenzen oberhalb des Detektorspektrums besitzen und die Empfindlichkeit des Detektors so gering als möglich stören.

Schrotrauschen (shot noise): Diese Rauschquelle stellt die wichtigste der drei erwähnten dar und hat ihren Ursprung im verwendeten Photodetektor, dessen Photoelektronen der Poissonstatistik gehorchen. Diese Rauschquelle kommt immer dann zum Tragen, wenn äußerst geringe Photonenanzahlen nachgewiesen werden müssen. Bei einer angenommenen Quanteneffizienz von 100% gilt für die nachweisbare Verzerrung h_{shot} nach [, S.107]

$$h_{shot} = \frac{1}{L}\sqrt{\frac{2\lambda\hbar c}{\pi P}} \ \mathrm{Hz}^{-1/2} \ ,$$

mit P der Laserleistung und λ der Laserwellenlänge. Um diesen Rauschbeitrag zu minimieren, sind also große optische Laufstrecken des Laserlichts, sowie hohe Laserleistungen bzw. geringe Laserwellenlängen erforderlich. Der optische Weg der Photonen kann, wie bereits erwähnt, durch den Einbau eines zusätzlichen Fabry - Perot - Interferometers erreicht werden. Für eine gewünschte Verweildauer der Photonen von $\tau \approx \frac{1}{2\nu_{Gw}} \approx 5 \ ms$ müssen diese bei einer Armlänge von z.B. 4 km also ≈ 200 mal hin und her reflektiert werden.

Ein alternativer Zugang zur Reduktion von Shot Noise ist die in [ ] vorgeschlagene Verwendung von *„gequetschten Zuständen"* im Interferometer und von *Korrelationsfunktionen 2. Ordnung*. Für diesen Zugang muss es sich bei dem zu messenden Signal jedoch um periodische kohärente Gravitationswellen handeln. Für die Auswertung sind viele unabhängige Messungen über eine gewisse Zeitspanne τ notwendig.

Nach [ ] gilt außerdem für die Anforderung an die Laserleistung folgende Überlegung: Um die maximal mögliche, durch eine Gravitationswelle hervorgerufene Phasenverschiebung zu erreichen, müssen sich die Laserphotonen für die Zeitdauer einer halben Periode der Gravitationswelle in einem Interferometerarm befinden (Mehrfachreflexion!), da sich in diesem Zeitraum die Interferometerarmlängen relativ zueinander maximal ändern. Die Messung der Phasendifferenz erfolgt über die Messung eines zeitlich periodischen Signals durch den Photodetektor, wobei die Messung der zeitlichen Periode mit einer Messunsicherheit Δt behaftet ist. Ein unteres quantenmechanisches Limit liefert die *Energie - Zeit - Unschärfe*

$$\Delta E \Delta t \geq \frac{\hbar}{2} \ . \tag{6.31}$$

Die während einer halbe Periode einer Gravitationswelle in das Interferometer eingespeiste Energie ist dann proportional zur Photonenanzahl. Da kohärente Photonen der Poissonstatistik gehorchen, ist die Unschärfe der Photonenzahl $\Delta N = \sqrt{N}$. Damit erhält man für die Energie

$$E \ = \ N\hbar\omega \stackrel{a.}{=} \frac{I_0}{2\nu_{GW}} \ , \tag{6.32}$$

$$\Delta E \ = \ \sqrt{N}\hbar\omega \ . \tag{6.33}$$

Für den zeitlichen Anteil der Phase gilt außerdem $\Delta\phi = \omega\Delta t$. Für Gravitationswellen im Frequenzbereich von ≈ 100 Hz und einer Amplitude im Bereich von $\approx 10^{-22}$ bewegt sich die maximale Phasenverschiebung im Bereich von $\Delta\phi \approx 10^{-9}$. Eingesetzt in die Unschärfebeziehung erhält man

$$\Delta E \Delta t = \sqrt{N}\hbar\omega \frac{\Delta\phi}{\omega} \geq \frac{\hbar}{2} \ ,$$

$$\Rightarrow N \geq \frac{1}{(2\Delta\phi)^2} \approx 10^{18} \ . \tag{6.34}$$

Das bedeutet nach (6.32) für die benötigte Leistung eines Lasers im Infrarotbereich mit $\lambda \approx 1 \ \mu m$

$$I_0 = 2E\nu_{GW} = 2N\hbar\omega\nu_{GW} \approx 400 \ W \ . \tag{6.35}$$

Gut konstruierte Laserinterferometer erreichen tatsächlich diese durch die Energie - Zeit - Unschärfe gegebene Genauigkeitsgrenze. Um nun diese hohen Laserleitungen zu erhalten, bedient man sich einer von *R. Schilling* und *R. Drever* erstmals vorgeschlagenen Technik des *Power Recyclings*. Das Interferometer wird so eingestellt, dass im Normalbetrieb die beiden Teilstrahlen im Ausgang des Photodetektors destruktiv interferieren, bei Abwesenheit eines Gravitationswellensignals wird die gesamte Laserenergie also zurück in den Eingang reflektiert. Man verwendet nun einen zusätzlichen Spezialspiegel, dessen eine Seite mit eine Antireflexschicht und dessen andere Seite mit einer hochreflektierende Schicht versehen ist. Diesen Spiegel baut man in den Eingang derart ein, dass die Antireflexschicht Richtung Laser und die reflektierende Schicht in Richtung des Interferometereingangs schaut. Bei präziser Positionierung wird das aus dem Interferometer zurückkehrende Licht phasengleich mit dem aus dem Laser kommenden Licht zurück in das Interferometer reflektiert und man erhält durch die ständige Überlagerung eine weitaus höhere „Leistung" im Interferometer selbst. Heute verwendete Nd:YAG - Laser erreichen eine Leistung von $\approx 10 \ W$, über Power Recycling kann man nun die benötigten Leistungen erreichen.

Eine weitere Methode zur Verbesserung der Detektorempfindlichkeit stellt eine dem *Power Recycling* ähnliche Methode dar. Beim von *B. Meers* 1988 erstmals vorgeschlagenen *Signal Recycling* wird ein zusätzlicher Spiegel, ähnlich dem des Power Recyclings, im Ausgang des Interferometers positioniert. Da bei oben erwähnter Einstellung nur Gravitationswellensignale den Ausgang des Interferometers erreichen, werden diese nun von dem zusätzlichen Spiegel in das Interferometer zurück eingespeist und gelangen erst nach einigen zusätzlichen Durchläufen und dadurch verstärktem Signalgehalt zum Fotodetektor. Siehe dazu die Arbeit von *A. Freise* [ ]. Erst die Einführung von *Power Recycling* und *Signal Recycling* machte interferometrische Detektoren gegenüber mechanischen Detektoren konkurrenzfähig. Die frequenzabhängige Detektorempfindlichkeitskurve des LIGO - Detektors des *MIT* bzw. *CalTech* in Louisiana bzw. Washington ist in Abbildung 4 ersichtlich.

6.1.4 Praktische Ausführung

In den letzten Jahren wurden viele Projekte hinsichtlich des direkten Nachweises von Gravitationswellen gestartet. Neben einer großen Anzahl erdgebundener Detektoren ist auch ein ambitioniertes Projekt unter Zusammenarbeit von *NASA* und *ESA* im Weltraum geplant. Nach der Einführung des Power - Recyclings wurden Laserinterferometer immer attraktiver, da sie auch ein breiteres Messspektrum im Vergleich zu mechanischen Detektoren aufweisen. Weltweit ist heute ein gutes Netzwerk von interferometrischen Detektoren entstanden. Internationale Gemeinschaftsprojekte wie zum Beispiel das *Einstein@Home - Projekt* sollen Daten vergleichen und auswerten und eventuelle Signale durch Koinzidenzmessungen mehrerer beteiligter Observatorien bestätigen. Einige bereits operierende Detektoren sollen im Folgenden vorgestellt werden.

LIGO: Die Abkürzung steht für *Laser Interferometric Gravitational Wave Observatory*, es handelt sich dabei um ein Gemeinschaftsprojekt des *MIT* und *CalTech* unter *K. S. Thorne, R. Drever* und *R. Weiss* mit 2 Detektoren, jeweils in Livingston bei Baton Rouge, Louisiana und in Hanford, Washington. Beide Interferometer sind von gleichem Bautyp und etwa 3000 km voneinander entfernt, um bei einer Koinzidenzmessung gemeinsame Störungen auszuschließen. 2 Standorte ermöglichen außerdem die Lokalisierung der Position der emittierenden Quelle am Himmel. Beide Interferometer haben eine Armlänge von 4 km und einen Messbereich von etwa $(30 - 800)$ Hz. Die Observatorien

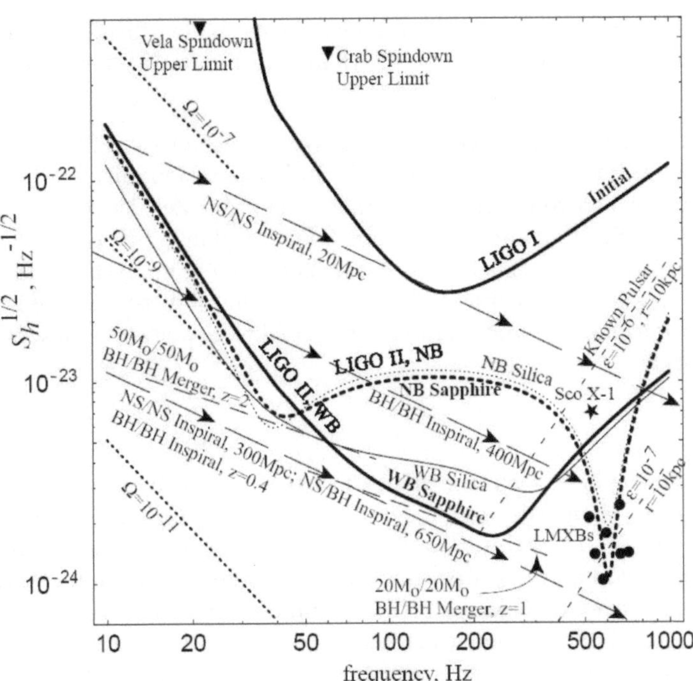

Abbildung 4: Empfindlichkeitskurven der verschiedenen LIGO - Stufen: *LIGO I* stellt dabei den aktuellen
Stand dar. *LIGO II NB* steht für die 2. Ausbaustufe mit **N**arrow **B**and Tuning um $\approx$ 600 Hz,
LIGO II WB ebenfalls für die 2. Ausbaustufe mit **W**ide **B**and Tuning, das im Bereich von
ca. 50 - 500 Hz bessere Auflösung liefert. [ ]

operieren zur Zeit im „LIGO I" - Status mit einer Auflösung von bis zu 10^{-21} in gewissen Frequenz-
bereichen. Ein Upgrade auf „LIGO II" mit einer Störungsreduzierung um einen Faktor $\sim$ 15, einer
Messbereicherweiterung auf 20 bis 1000 Hz, einer optimierten Rauschkurve und einer daraus resul-
tierenden Steigerung der Nachweisrate astrophysikalischer Ereignisse um einen Faktor von $\sim$ 3000
ist in den nächsten Jahren geplant [ ]. Siehe dazu auch Abbildung 4.
http://www.ligo.caltech.edu/

VIRGO: Hierbei handelt es sich um ein französisch - italienisches Gemeinschaftsprojekt in Cascina, Italien. Die Abkürzung steht für *Variability of Solar IR - Radiance and Gravity Oscillations*. Das
Interferometer befindet sich am Gelände des *EGO (European Gravitational Observatory)* und besitzt eine Armlänge von 3 km, sowie einen Messbereich von ca. $(10 - 10^4)$ Hz. Es besitzt außerdem
einen superstabilen Laser der nächsten Generation mit einem der stabilsten, jemals konstruierten
Oszillatoren.
http://www.ego-gw.it/virgodescription/

GEO600: Dieser Detektor ist ein deutsch - britisches Gemeinschaftsprojekt des Max-Planck-Instituts für
Gravitationsphysik (Albert-Einstein-Institut) in Potsdam gemeinsam mit der Universität Hannover,
der Universität Cardiff und der Universität Glasgow und liegt bei Ruthe etwas südlich von Hannover,
Deutschland. Wie der Name bereits verrät, besitzt dieser Detektor eine Armlänge von lediglich 600
m und fungiert quasi als Testprojekt der Laserinterferometrie zum Nachweis von Gravitationswellen.
Der verwendete Nd:YAG - Laser hat eine Ausgangsleistung von 10 W, welche per Power Recycling
auf bis zu 10 kW verstärkt werden kann. Der Messbereich liegt im Intervall von $(50 - 2000)$ Hz.
http://geo600.aei.mpg.de/

TAMA300: Hierbei handelt es sich um ein japanisches Projekt des *National Astronomical Observatory
of Japan* in Mitaka, Tokyo. Es besteht aus einem kombinierten Fabry - Perot - Michelson - Interferometer mit Recycling und 300 m Armlänge. Der Name *TAMA300* stammt vom japanischen Wort
für „Ei" - „tamago" und der verwendeten 300 m Armlänge. Seine Hauptaufgabe besteht - ähnlich

zu GEO600 - in der Entwicklung hochpräziser Messmethoden für den Nachweis von Gravitationswellen mit späteren Versionen von Laserinterferometern mit längeren Armen.
`http://tamago.mtk.nao.ac.jp/`

AIGO: Das *Australian Interferometric Gravitational Observatory* ist ein Projekt des Australian International Gravitational Research Centre (AIGRC) in Kooperation mit der University of Western Australia in Gingin, nördlich von Perth in Westaustralien. Zur Zeit ist nur Stage I mit 80 m Armlänge in Betrieb, eine Erweiterung auf Stage II mit 5 km Armlänge ist geplant. AIGO versucht bis zum Ausbau zu Stage II ebenfalls, hochpräzise Messmethoden zum Nachweis für Gravitationswellen zu entwickeln. Eine besondere Wichtigkeit kommt AIGO insofern zu, als es das einzige Observatorium der südlichen Hemisphäre ist und dadurch eine perfekte Erweiterung des internationalen Detektornetzwerkes darstellt.
`http://www.gravity.uwa.edu.au/`

LISA: Ein weiteres, äußerst viel versprechendes Projekt wird - nach entscheidenden Budgetverhandlungen - vom *JPL (Jet Propulsion Laboratory)* der *NASA* und der *ESA* für einen vorraussichtlichen Start 2017 geplant. *LISA* steht für *Laser Interferometer Space Antenna*. Es handelt sich dabei um ein raumgestütztes Interferometer von immensen Ausmaßen. Dabei werden drei Raumfahrzeuge als gleichseitiges Dreieck mit einer Seitenlänge von 5 Mio km (!!) 20° hinter der Erde in ihrer Umlaufbahn um die Sonne stationiert. Jedes Raumfahrzeug bildet als Zentralelement mit den beiden anderen als „Spiegel" ein Interferometer, was 3 separate Laserinterferometer ergibt, deren „Arme" jedoch lediglich einen Winkel von 60° einschließen. Zusätzlich ist die Dreiecksebene zur Erdumlaufbahnebene um einen Winkel von 60° geneigt. Jeder der 3 Satelliten bewegt sich auf einem eigenen Orbit um die Sonne, was eine Rotation der Dreiecksformation zur Folge hat. Durch diese Konfiguration bleiben die Satelliten während des gesamten Experiments in ihrer Dreiecksformation mit Seitenlänge von 5 Mio. km. Siehe dazu Abbildung 5. Bei den verwendeten Testmassen handelt es sich um jeweils 2 hochpolierte Würfel pro Satellit mit lediglich 4 cm Kantenlänge. Sie stellen das Herzstück der Satelliten dar und schweben trägheitsfrei und ohne Verbindung im Inneren der Satelliten. Das umgebende Gehäuse soll nun die Testmassen gegen andere äußere Einflüsse (wie z.B. Sonnenwind) abschirmen. Einlaufende Gravitationswellen verursachen nun Abstandsänderungen zwischen den Testmassen, die als Phasenverschiebungen nachgewiesen werden können. Die Gehäuse werden mithilfe von Nanotriebwerken mit den Testmassen mitbewegt. Diese Nanotriebwerke operieren im Mikronewtonbereich und basieren auf dem Rückstoßprinzip durch Flüssigmetallionenquellen, die übrigens in Seiberdorf bei Graz für dieses Projekt entwickelt werden. Aufgrund des großen Abstandes der Satelliten muss weiters auf eine schlichte Spiegelreflektion verzichtet werden, da nach dieser großen Distanz der Laserfleck beugungsbedingt auf einen Fleck mit Durchmesser von ca. 50 km aufgedehnt wird. Deswegen wird das Signal von aktiven Spiegeln und phasenverschränkten Transpondern verstärkt zurückgeschickt [, Kap. 3.1.1].

Mithilfe dieser Anordnung können nun Gravitationswellen im Frequenzbereich von $\approx 10^{-2}$ Hz nachgewiesen werden, womit sich langsam bewegende Doppelsternsysteme, Verschmelzungen von supermassiven schwarzen Löchern und vor allem die so genannte *kosmologischer Gravitationswellenhintergrundstrahlung* erforschen ließen. Diese Hintergrundstrahlung könnte völlig neue Einsichten in die Enstehungsgeschichte des Universums ermöglichen, da dieses zu sehr frühen Zeiten bis 10^{-24} s nach dem Urknall für elektromagnetische Strahlung noch undurchsichtig war. Aufgrund der speziellen Anordnung der Interferometer im Dreieck kann zusätzlich die Polarisation einer einlaufenden Gravitationswelle bestimmt werden.
`http://lisa.nasa.gov/`

6.2 Mechanische Detektoren

Wie bereits erwähnt begann *J. Weber* in den sechziger Jahren an der Universität Maryland mit dem Bau von mechanischen Resonanzdetektoren aus Aluminium. Mechanische Detektoren basieren im Allgemeinen auf dem Prinzip, durch Gravitationswellen im Detektor deponierte Energie zu messen. Resonante Detektoren im Speziellen messen die durch Gravitationswellen im Detektor *resonant* hervorgerufenen Eigenschwingungen. Die ersten von Weber derartig gebauten Detektoren waren zylinderförmig mit einer

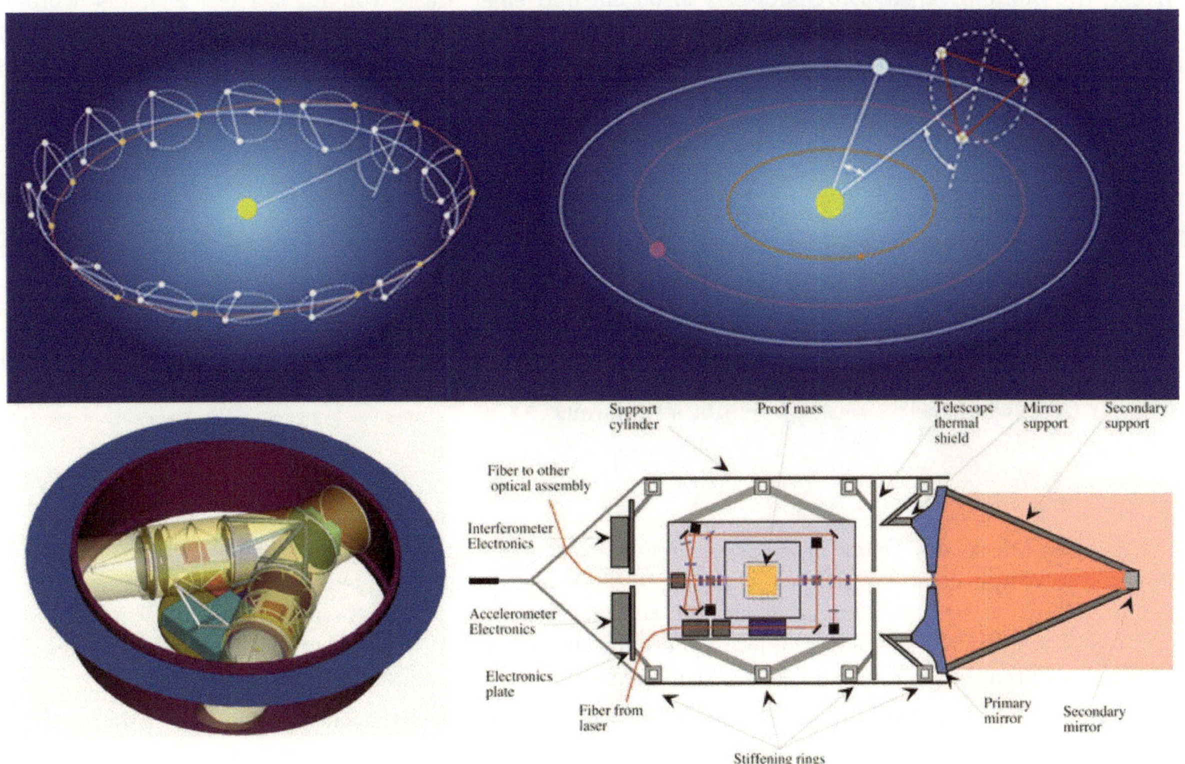

Abbildung 5: Funktionsweise des LISA - Observatoriums. [http://lisa.nasa.gov/]

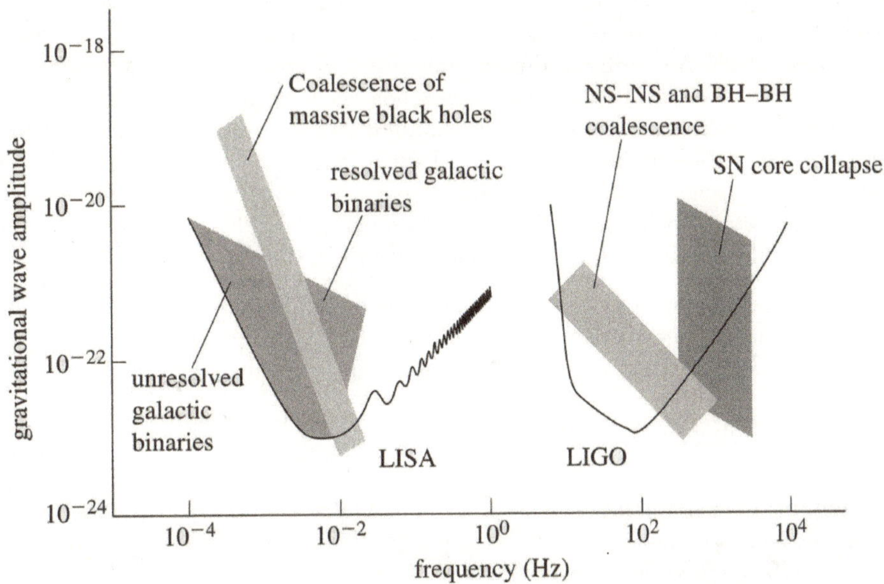

Abbildung 6: Vergleich der Empfindlichkeitskurven des raumgestützten LISA - Observatoriums und der LIGO - Observatorien mit Signalstärken und - frequenzen erwarteter Quellen (*NS*: Neutronenstern, *BH*: „black hole" bzw. Schwarzes Loch, *SN*: Supernova. [2, S. 319]

Länge von 153 cm, einem Durchmesser von 66 cm und einer Masse von 1.4 t. Diese Zylinder wurden in speziellen, optimal von Umwelteinflüssen abgeschirmten Kammern an einem Draht aufgehängt. Um die Mitte der Zylinder angebrachte piezoelektrische Transducer sollten Schwingungen der Zylinder an elektrische Schaltkreise weiterleiten, deren Resonanzen an die Grundmode der Zylinder gekoppelt waren [, Kap. 37.3.4].

6.2.1 Funktionsprinzip eines Zylinderdetektors

Für das Modell eines zylinderförmigen Detektors gilt für die durch eine Gravitationswelle eingebrachte Schwingungsenergie

$$E_{GW} \approx \frac{Mv^2}{2} \; . \tag{6.36}$$

Mit der Geschwindigkeit $v = \omega_{GW} l h$ ergibt sich daraus

$$E_{GW} \approx \frac{1}{2} M \omega_{GW}^2 l^2 h^2 \; , \tag{6.37}$$

mit M der Masse des Detektors[17], ω_{GW} der Kreisfrequenz und h der Amplitude der Gravitationswelle. Für Amplituden im Bereich von $\approx 10^{-20}$ bedeutet das aber lediglich eine deponierte Energie von $E_{GW} \approx 10^{-29} \; J$, im Vergleich zur thermischen Energie bei einer Temperatur von $4 \; K$ von $E_{th} = k_b T \approx 10^{-23} \; J$. Das untere quantenmechanische Limit der thermischen Eigenschwingung des Zylinders ist durch $\lim_{T \to 0} k_b T = \hbar \omega_0$ mit ω_0 der Kreisfrequenz der Grundmode des Zylinders gegeben. Für eine Grundmode mit einer Frequenz von $\nu_0 \approx 1000$ Hz bedeutet das nach (6.37) für die Störung h [, Kap. 9.1.]

$$h > \sqrt{\frac{\hbar}{l^2 \omega_0 M}} \approx 10^{-21} \; . \tag{6.38}$$

Im Allgemeinen gehorchen die angeregten Schwingungen des Zylinders jedoch einer gedämpften Schwingungsgleichung mit charakteristischer natürlicher Zeitkonstante τ_0, nach der eine gewisse Schwingungsamplitude auf den $\frac{1}{e}$ - fachen Wert abgefallen ist. Die thermische Energie des Zylinders wird nun stochastisch auf die verschiedenen Schwingungsfreiheitsgrade aufgeteilt. Wird durch Materialwahl die Dämpfungszeit derart dimensioniert, dass die Zeitdauer τ_{GW} einer Anregung durch eine Gravitationswelle im Vergleich zu τ_0 sehr klein ist, stellt die Anregung in diesem Fall einen „Hammerschlag" für den Detektor dar. Die Gravitationswelle „merkt" also nichts von den thermischen Schwingungen des Zylinders. Bei deponierten Energien $E_{GW} \gg k_b T$ spricht man von einem *wellendominierten Detektor*. Ist die eingebrachte Energie in der Größenordnung der thermischen Energie des Detektors, muss das Gravitationswellensignal gegen ständig vorhandene thermisch - stochastische Schwingungen ankämpfen. In diesem Fall spricht man von einem *rauschenden Detektor*. Noch heute arbeitet man an der Entwicklung von Detektoren mit genügend Sensitivität, um das wellendominierte Kriterium zu erfüllen [, Kap. 37.4].

Da ein Festkörper viele unabhängige Eigenschwingungen besitzt, kann die Gesamtdeformation $\vec{x}(\vec{r},t)$ in Anteile der unterschiedlichen, linear unabhängigen Moden zerlegt werden und die Bewegungsgleichung für den Zylinder damit in einzelne Bewegungsgleichungen für die zeitabhängigen Entwicklungskoeffizienten $B_n(t)$ aufgeteilt werden

$$\vec{x}(\vec{r},t) = \sum_n B_n(t) \vec{u}_n(\vec{r}) \; , \tag{6.39}$$

mit $B_n(t)$ den zeitabhängigen Entwicklungskoeffizienten und $\vec{u}_n(\vec{r})$ den zueinander orthogonalen Normalmoden. Nach Berücksichtigung des frequenzabhängigen *Wirkungsquerschnitts* $\sigma_n(\nu)$ der n - ten Mode und dem *spektralen Energiefluss* der Gravitationswelle

$$F_\nu(\nu) := \frac{1}{2} \pi^2 \nu^2 |\tilde{A}|^2 \; , \tag{6.40}$$

---

[17]typischerweise im Bereich von 2 t

mit $\tilde{A}$ der Fouriertransformierten der Amplitude, gilt für die deponierte Energie im Zylinder [, Kap. 37.7] [, Kap. 9.1.]

$$E_{GW} = \int_0^\infty \sigma_n(\nu) F_\nu(\nu) d\nu \ . \tag{6.41}$$

Diese Beziehung gilt in dieser Form jedoch nur für wellendominierte Detektoren. Für rauschende Detektoren müssen spezielle Signalverarbeitungsmethoden zu Rate gezogen werden, um mögliche Signale aus dem Untergrundrauschen zu extrahieren. Dies ist möglich, wenn durch so genannte *Bursts*, also durch Gravitationswellen verursachte „Hammerschläge", Amplitudenänderungen der Eigenmoden hervorgerufen werden, die schneller als durch Brownsche Kräfte hervorgerufene Änderungen erfolgen [, Kap. 37.8.].

6.2.2 Empfindlichkeitssteigerung

Wie obige Überlegungen zeigen, sind Resonanzdetektoren in ihrer Detektionsbandbreite an die Eigenmoden des verwendeten Festkörpers gebunden. Bei geschickter Wahl von Material und Geometrie und verbesserten Empfindlichkeiten sind aber gezielter und genauer Nachweis bestimmter Frequenzbereiche des Gravitationswellenspektrums möglich. Nach [, Kap 37.8.] gibt es 3 Möglichkeiten, um die Detektorempfindlichkeit entscheidend zu verbessern:

1. Steigerung des integrierten Wirkungsquerschnittes

2. Kühlung des Detektors

3. Verringerung der Dämpfungskonstante bzw. Steigerung der Dämpfungszeit

Punkt 1 wird durch neuartige *sphärische Resonanzdetektoren* entscheidend verbessert, da die quadrupolare Natur von Gravitationswellen an sphärische Resonanzgeometrien optimal ankoppelt. Sphärische Detektoren bieten außerdem eine isotrope Nachweisempfindlichkeit und die Möglichkeit zur Bestimmung der Quellenposition, da eine Sphäre fünf entartete Quadrupolschwingungsmoden besitzt, die jeweils unabhängige Resonatoren darstellen[18]. Für dieselbe Grundmodenfrequenz wie bei einem zylindrischen Detektor benötigt ein sphärischer Detektor eine 20 fach größere Masse, welche wiederum den Wirkungsquerschnitt erhöht [, S. 116-117].

Die Punkte 2 und 3 werden durch extreme Tieftemperaturdetektoren und neuartige Materialien realisiert. Tabelle 1 gibt eine Übersicht über aktuelle Resonanzdetektorexperimente, Abbildung 7 zeigt Resonanzdetektoren in der Praxis.

T	... Arbeitstemperatur
T_N	... Noisetemperatur
ν_0	... Resonanzfrequenz
h	... Empfindlichkeit

Name	Standort	Material	T / K	T_N / mK	ν_0 / Hz	h / 10^{-19}
ALLEGRO	Baton Rouge	Al	4.0	6	900	7
EXPLORER	CERN	Al	2.0	6	900	7
NIOBE	Perth	Nb	5.0	1	700	5
NAUTILUS	Frascati bei Rom	Al	0.1	4	900	6
AURIGA	Legnaro bei Padua	Al	0.1	1	900	3

Tabelle 1: Übersicht über laufende Resonanzdetektorexperimente, Stand September 2000 [ ]

---

[18]Quadrupolare Schwingung entspricht der Entwicklung in Kugelflächenfunktionen mit $l = 2$, daher fünf entartete Schwingungen mit $-2 \leq m_l \leq 2$

Abbildung 7: Resonanzdetektoren in der Praxis. links: Joseph Weber mit einem seiner ersten Zylinder-
detektoren [focus.aps.org/story/v16/st19], rechts: Ansicht des AURIGA - Detektors in
Legnaro/Italien [http://www.lnl.infn.it]

6.2.3 Alternative Konzepte

Es wurden zusätzlich noch weitere experimentelle Konzepte für mechanische Detektoren vorgestellt, für
genaue Beschreibungen siehe [, Kap. 37.3.]:

- Relativbewegung zweier frei fallender Körper (z.B. Abstandmessung Erde - Mond mittels Laser-
strahl)

- Vibration von Normalmoden der Erde bzw. des Mondes

- Lokalisierte Schwingungen in der Erdkruste (höhere Frequenzen als Gesamteigenschwingung der
Erde)

- Vibration von Normalmoden anderer Körper als Zylinder oder Kugeln

- Winkelbeschleunigung zweier rotierender Stäbe

- Winkelbeschleunigung eines angetriebenen Oszillators

- Pumpen einer Flüssigkeit in einem rotierenden geschlossenen Rohrsystem

7 Diskussion & Aussicht

Obwohl die Existenz von Gravitationswellen bereits in Einsteins Originalpublikation 1916 vorhergesagt
wurde, ist bis heute kein direkter Nachweis von Gravitationsstrahlung gelungen. Wie bereits erwähnt deu-
tet aber nach dem indirekten Nachweis von *Hulse* und *Taylor* 1974 alles auf eine tatsächliche Existenz
von Gravitationswellen hin. Aufgrund der extrem kleinen, von Gravitationswellen transportierten Ener-
giemengen stellt der direkte Nachweis heute eine der größten Herausforderungen an die Experimental- und
Detektorphysik. Ein gelungener Nachweis wäre dann auf jeden Fall ein guter Kandidat für den Nobelpreis
und würde die experimentelle Bestätigung einer der faszinierendsten physikalischen Theorien bedeuten.
In diesem Sinne arbeiten unzählige Gruppen daran, den ersten direkten Nachweis zu verzeichnen. Dies
ist jedoch ohne internationale Zusammenarbeit und kollektiver Datenverarbeitung undenkbar. Diese Tatsache fördert also sowohl individuelle Entschlossenheit und höchste Motivation, als auch internationale
Zusammenarbeit und Kollegialität unter den verschiedenen Forschergruppen.

Sollte nun Gravitationsstrahlung tatsächlich nachweisbar werden, könnte sie als völlig neues Mittel zur Erforschung des Universums bereits beobachtete Phänomene auf vollständig neue Weise beleuchten oder vollständig neue, unbekannte Phänomene zu Tage fördern. Wie damals die Entdeckung der bis dato unbekannten Pulsare durch Radioteleskope könnten Gravitationswellenobservatorien auf gleiche Weise völlig neue astrophysikalische Vorgänge aufdecken. Außerdem könnten Gravitationswellen endlich genügend Aufschluss über das junge Universum unmittelbar nach dem Urknall liefern, da zu dieser Zeit eine Propagation von elektromagnetischen Wellen noch unmöglich war. Diese Signale wären heute als primordiale Fluktuationen der Raumzeit durch Inflation auf enorme Skalen aufgeblasen worden. Dementsprechend könnten durch Gravitationswellen verursachte Polarisationen der kosmischen Hintergrundstrahlung oder durch kosmische Phasenübergänge selbst erzeugte Gravitationswellenhintergrundstrahlung neue Aufschlüsse über die Enstehung des Universums liefern. Diese durch Phasenübergänge 1. Ordnung hervorgerufenen Signale haben eine wohldefinierte, von der „Temperatur" des Phasenübergangs abhängige Peakfrequenz [, S. 320] [ ]. Das vielversprechendste Projekt in dieser Richtung ist das erwähnte raumgestützte LISA - Observatorium. Der Messbereich von LISA bewegt sich mit Frequenzen von μHz bis zu einigen Hz genau im Bereich erwarteter Gravitationshintergrundstrahlung.

Ein weiterer interessanter Effekt als Konsequenz von Gravitationsstrahlung sind so genannte *„black hole rockets"*. Das Verschmelzen zweier supermassiver Schwarzer Löcher hat - unter bestimmten Anfangsbedingungen - eine extrem starke, gerichtete Abstrahlung von Gravitationswellen zur Folge. Durch den so erzeugten Rückstoß kann das verschmolzene supermassive Schwarze Loch auf unglaubliche Geschwindigkeiten beschleunigt werden. Eine Gruppe um *B. Brügmann* an der Universität Jena errechnete mögliche Geschwindigkeiten von bis zu 2500 km/s bei parallelen Spinachsen der zwei ursprünglichen Schwarzen Löcher. Eine weitere Gruppe um *D. Merritt* und *M. Campanelli* am Rochester Institute for Technology maximierte diese Geschwindigkeit durch Optimieren der Winkel zwischen den Spinachsen und der Bewegungsrichtungen der Schwarzen Löcher auf sagenhafte 4000 km/s, also über 1% der Lichtgeschwindigkeit. Solche extrem beschleunigte Schwarze Löcher könnten so leicht ihrer Galaxie entfliehen und als „nackte Schwarze Löcher" durchs Universum rasen. Reißt so eine „black hole rocket" jedoch genug Gas und Materie aus dem Inneren der Galaxie mit, so kann sie bis zu 10 Mio Jahre leuchten und bis zu 30000 Lichtjahre reisen, bevor das Schwarze Loch unsichtbar wird. Im Großen und Ganzen ist ein solches Szenario aber an bestimmte optimale Anfangsbedingungen gebunden, die jedoch äußerst unwahrscheinlich sind. [ ]

Zu guter Letzt könnten Gravitationswellen die entscheidende Verbindung zwischen Stringtheorie und bekannten Partikeln und Feldern für die Entwicklung einer Quantentheorie für Gravitation liefern, die eine der größten Herausforderungen der theoretischen Physik heute darstellt. [ ]

Abbildungsverzeichnis

Tabellenverzeichnis

Literatur

[1] MISNER W., THORNE K. S., WHEELER J. A.: Gravitation, *Freeman and Company 1973*

[2] CARROLL S. M.: Spacetime and Geometry, *Addison Wesley 2004*

[3] SCHACHINGER E.: Allgemeine Relativitätstheorie, *Skript zur Vorlesung 2004*
    http://itp.tugraz.at/LV/ewald/ART/

[4] MÜLLER E.: Entstehung und Nachweis von Gravitationswellen, *Skript zur Vorlesung 2003*
    http://www.mpa-garching.mpg.de/lectures/GW/

[5] BARTUSIAK M.: Einsteins Vermächtnis, *Europäische Verlagsanstalt 2005*

[6] SCHÄFER G., KÖNIGSDÖRFFER C.: Einsteinsche Gravitationstheorie - Gravitationswellen, *Skript zur Vorlesung 2003*
    http://www.koenigsdoerffer.info/gw_script.ps

[7] FARAONI V.: A common misconception about LIGO detectors of gravitational waves, *Bishop's University, Quebec, Februar 2007*
    http://arxiv.org/abs/gr-qc/0702079

[8] BARISH B.: Gravitational Waves, Laser Interferometric Detectors, *Präsentation für das 9. Marcel Grossmann Meeting 2000*
    http://www.ligo.caltech.edu/docs/G/G000175-00/G000175-00.ppt

[9] BEN - ARYEH Y.: Detection of gravitational waves in Michelson interferometers by the use of second order correlation functions, *Technion-Israel Institute of Technology, Haifa, Dezember 2006*
    http://arxiv.org/abs/gr-qc/0701008

[10] THORNE K. S., BONDARESCU M., CHEN Y.: Gravitational Waves, A Web - Based Course, *Onlineunterlagen, Stand Jänner 2008*
    http://elmer.tapir.caltech.edu/ph237/

[11] FREISE A.: Ein neues Konzept für Signal - Recycling, *Diplomarbeit am Institut für Atom - und Molekülphysik der Universität Hannover, März 1988*
    www.aei.mpg.de/pdf/diploma/AFreise_98.pdf

[12] THORNE K. S. ET AL.: The Scientific Case for Advanced LIGO Interferometers, *CaRT, California Institute of Technology, Pasadena, Januar 2001*
    http://elmer.tapir.caltech.edu/ph237/Kip-SciCaseAdvLIGO.pdf

[13] HOGAN C. J.: Sounding Out The Big Bang, *Physics World, Vol. 20 No. 6 Juni 2007*

[14] SHEKHAR C.: Intergalactic Projectiles, *Phys. Rev. Focus, Mai 2007*
    http://focus.aps.org/story/v19/st17

BEI GRIN MACHT SICH IHR WISSEN BEZAHLT

- Wir veröffentlichen Ihre Hausarbeit, Bachelor- und Masterarbeit

- Ihr eigenes eBook und Buch - weltweit in allen wichtigen Shops

- Verdienen Sie an jedem Verkauf

Jetzt bei www.GRIN.com hochladen und kostenlos publizieren

Bibliografische Information der Deutschen Nationalbibliothek:

Die Deutsche Bibliothek verzeichnet diese Publikation in der Deutschen National-
bibliografie; detaillierte bibliografische Daten sind im Internet über http://dnb.d-
nb.de/ abrufbar.

Impressum:

Copyright © 2008 GRIN Verlag, Open Publishing GmbH
Druck und Bindung: Books on Demand GmbH, Norderstedt Germany
ISBN: 978-3-668-12139-3

Dieses Buch bei GRIN:

http://www.grin.com/de/e-book/124563/schwingungsmodell-einer-parallelkinema-
tischen-werkzeugmaschine-modalanalyse

Bin Zhu

Schwingungsmodell einer parallelkinematischen Werkzeugmaschine. Modalanalyse und Identifizierung

GRIN Verlag

Technische Universität Chemnitz

Fakultät für Maschinenbau

Projektarbeit

Thema: Schwingungsmodell einer parallelkinematischen Werkzeugmaschine

vorgelegt von: Bin Zhu

Studienrichtung: Werkzeugmaschinenkonstruktion und Umformtechnik

Inhaltsverzeichnis

Abkürzungsverzeichnis

Abkürzung	Bezeichnung
CCLD	Community Care Licensing Division
DOF	Freiheitsgrade
FK	Führungskette
GKS	Gelenkkoordinatensystem
LAN	local area network
MAC	Modal Assurance Criterion
MKS	Maschinenkoordinatensystem
PKM	parallelkinematische Maschine
SKS	Strebekoordinatensystem
TCP	Tool Center Point

Kurzzeichenverzeichnis

Kurzzeichen	Einheit	Benennung
f		Eigenfrequenz
F		Freiheitsgrad
f_i		Freiheitsgrad des Gelenkes i
f_{id}		Summe der identischen Freiheitsgrade
g		Anzahl der Gelenke
H		große Transformationsmatrix
J	kgm^2	Trägheitsmoment
J_C		kinematische Jacobi-Matrix
K		Steifigkeitsmatrix
k	$N/\mu m$	Steifigkeit
L		Vektor der Antriebskoordinaten
l	mm	Länge der Strebe
M		Massenmatrix
m	kg	Masse

N	Anzahl der Getriebeglieder
P	Punkte im absoluten Koordinatensystem
s	Summe der passiven Bindungen
Str_i	Einheitsvektor der i-te Strebe
T	Drehmatrix
T_{GKS}	Transformation zwischen MKS und GKS
v	Eigenvektor
X	Vektor der Abtriebskoordinaten
ω	Eigenwert

Indizes	**Einheit**	**Benennung**
EE		Endeffektor
G		Gelenk
GKS		in GKS
M		Motor
MKS		in MKS
S		Strebe

1. Einführung

1.1. Aufbau einer parallelkinematischen Maschine

Parallelkinematiken bestehen aus einer oder mehreren geschlossenen kinematischen Ketten, deren Endglied (Endeffektor) eine bewegliche Plattform mit dem Freiheitsgrad F um eine Gestellplattform darstellt. Die Plattformen sind durch unabhängig voneinander zu bewegende Führungsketten gekoppelt. An einer festen Plattform bzw. Gestellplattform sind mit Hilfe von Gelenken die Führungsketten (Streben) befestigt. Das andere Ende der Streben ist wiederum über Gelenke an einer beweglichen Plattform bzw. Endeffektor montiert. Die Gelenke können mehrachsige Rotationen ausführen. Die Streben können längenveränderlich oder längenkonstante sein.

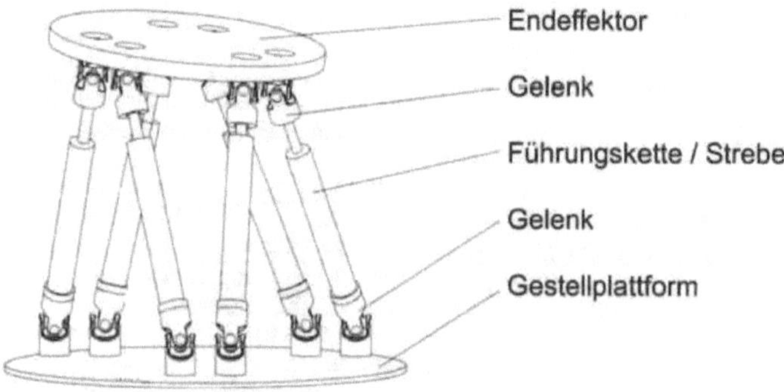

Abbildung 1-1: Aufbau einer Parallelkinematik am Beispiel eines Hexapods [8]

Damit für eine Kinematik Zwanglauf vorliegt, muss die Anzahl der Antriebe gleich dem Freiheitsgrad F sein, wobei es jedoch auch Ausnahmen gibt. Der Freiheitsgrad F einer Parallelkinematik ist mit Hilfe der Grübler-Formel ermittelbar, wobei n die Anzahl der Getriebeglieder, g die Anzahl der Gelenke, f_i der Freiheitsgrad des Gelenkes i, f_{id} die Summe der identischen Freiheitsgrade und s die Summe der passiven Bindungen darstellt:

$$F = 6(n - g - 1) + \sum_{i=1}^{g} f_i - f_{id} + s \qquad \text{für räumlichen Mechanismen} \qquad (1)$$

$$F = 3(n - g - 1) + \sum_{i=1}^{g} f_i - f_{id} + s \quad \text{für ebenen Mechanismen} \tag{2}$$

Die Verbindung des Gestells mit der Plattform über Getriebeglieder und Gelenke wird als Führungskette bezeichnet. Die mögliche Verteilung der Gelenkfreiheiten für Führungskette, die den gewünschten Freiheitsgraden am Endeffektor entsprechen, sind in Tabelle 1-1 aufgelistet.

Anzahl der FK \ DOF	2	3	4	5	6
2	8 (4,4/3,5/2,6)	9 (4,5/3,6)	10 (5,5/4,6)	11 (5,6)	12 (6,6)
3	14 (4,5,5/2,6,6/ 4,4,6/3,5,6)	15 (5,5,5/4,5,6 3,6,6)	16 (5,5,6/4,6,6)	17 (5,6,6)	18 (6,6,6)
4	20 (5,5,5,5/ 4,5,5,6/ 3,5,6,6/ 4,4,6,6)	21 (5,5,5,6/ 4,5,6,6 3,6,6,6)	22 (5,5,6,6/ 4,6,6,6)	23 (5,6,6,6)	24 (6,6,6,6)
5	26 (5,5,5,5,6 4,5,5,6,6)	27 (5,5,5,6,6/ 4,5,6,6,6)	28 (5,5,6,6,6/ 4,6,6,6,6)	29 (5,6,6,6,6)	30 (6,6,6,6,6)
6	32 (5,5,5,5,6,6)	33 (5,5,5,6,6,6)	34 (5,5,6,6,6,6)	35 (5,6,6,6,6,6)	36 (6,6,6,6,6,6)

Tabelle 1-1: Summer der Gelenkfreiheiten räumlicher paralleler Mechanismen und Verteilung dieser auf die einzelnen Führungsketten [7]

Die Arbeitsraumabmessungen sind mit längenveränderlichen Streben erreichbaren größer, ist die Schwankungsbreite der Eigenschaften im Arbeitsraum geringer, der Kalibrierungsaufwand als geringer anzusehen und sind bessere Voraussetzungen für eine überlagerte Kraftregelung gegeben. Die längenveränderlichen Streben können durchaus auch eine geringere Masse und höhere Steifigkeit mit sich bringen, wenn es gelingt die Strukturbauteile der Maschine so anzuordnen, dass sich ausschließlich Zug- / Druck-belastungen für die einzelnen Elemente ergeben.

Dem gegenüber ist bei längenunveränderlichen Streben eine höhere Steifigkeit zu erwarten, da sich die Strebenkräfte auf Antrieb und Gestell aufteilen, bestehen geringere Anforderungen an die Bewegungsfreiheit der Gelenke, sind die Gelenke kompakter ausführbar und ist die nötige Gelenkgenauigkeit einfacher erzielbar. Bei längenunveränderlichen Streben sind relativ einfach Lineardirektantriebe einsetzbar, womit eine sehr hohe Dynamik erreichbar ist [5].

Als Arbeitsraum sei in diesem Zusammenhang derjenige Raum verstanden, in dem alle für die Erfüllung der Aufgabe notwendigen Bewegungen durchgeführt werden können. Bei Parallelkinematiken treten Wechselwirkungen zwischen den einzelnen Bewegungsgrenzen auf. So sind z.B. die Grenzen der translatorischen Bewegungen einer Parallelkinematik abhängig von der Orientierung des Endeffektors. Das bedeutet, dass bestimmte Positionen nur in definierten Orientierungen angefahren werden können. Der Bewegungsraum beschreibt die Gesamtheit aller Positionen und Orientierungen, die der Endeffektor einer Struktur in mindestens einer Orientierung einnehmen kann [2].

1.2. Koordinatensysteme

In Maschinen mit Bewegungssteuerungen werden in der Regel mindestens zwei verschiedene Koordinatensysteme benutzt. Einerseits wird das Koordinatensystem, in dem der Endeffektor bewegt werden soll, verwendet und als absolutes Koordinatensystem bezeichnet. Anderseits kommt das Koordinatensystem der Antriebe zur Anwendung. Die Transformation die beider Koordinatensysteme wird nach Transformationsrichtung zur Vorwärtstransformation und Rückwärtstransformation eingeteilt.

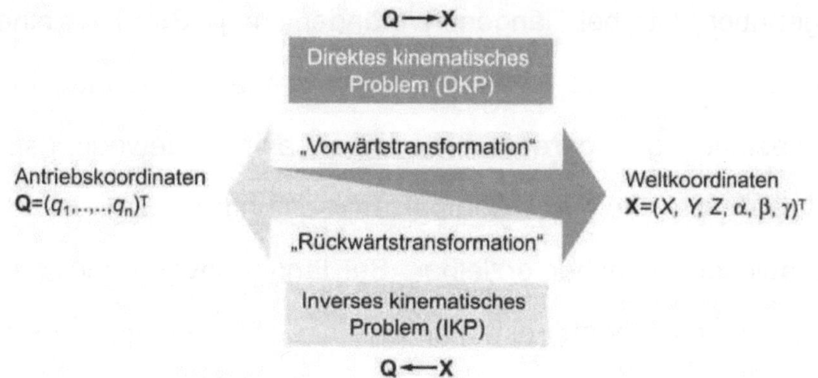

Abbildung 1-2: Zusammenhang zwischen Antriebskoordinaten und Welt-koordinaten [4]

Führt man nun ein drittes Koordinatensystem ein, das relativ zum Endeffektor definiert wird, dann wird die Lage des Endeffektors durch die Lage dieses Koordinatensystems bestimmt. Die Verbindung zwischen dem relativen Koordinatensystem des Endeffektors und dem absoluten Koordinatensystem wird durch Gleichung (3) definiert:

$$P = T \cdot P^{(R)} + P_0 = T \cdot \begin{pmatrix} x^{(R)} \\ y^{(R)} \\ z^{(R)} \end{pmatrix} + \begin{pmatrix} x \\ y \\ z \end{pmatrix} \qquad (3)$$

Zur Beschreibung der Orientierung eines Körpers im Raum werden hier Kardan-Winkel und Euler-Winkel verwendet. Die unterscheiden sich lediglich in der Reihenfolge, in der die Drehungen definiert werden. Bei den Kardan-Winkel (ω, θ, φ) wird die Reihenfolge x - y - z benutzt, wenn die Euler-Winkel (α, β, γ) mit einer Reihenfolge z - x - z' definiert sind. Die Drehmatrix für die gesamte Drehung ergibt sich dann zu:

$$T_{Kardan} = T_{\omega} \cdot T_{\theta} \cdot T_{\varphi} \qquad (4)$$

$$T_{Euler} = T_{\alpha} \cdot T_{\beta} \cdot T_{\gamma} \qquad (5)$$

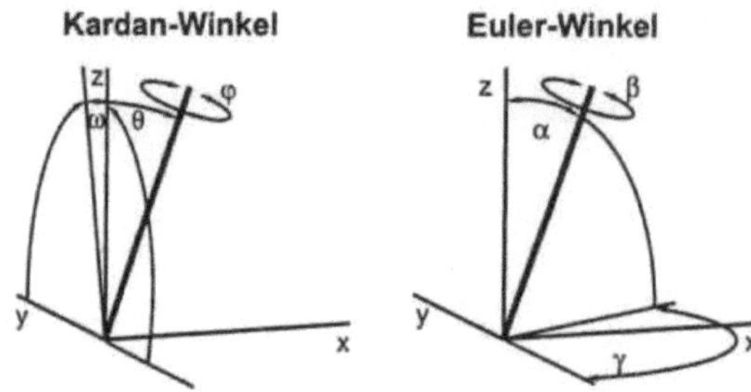

Abbildung 1-3: Winkelbeschreibungen [2]

1.3. Jacobi-Matrizen

Als Jacobi-Matirx wird die Matrix der partiellen Ableitungen eines Ausgangsvektors nach einem Eingangsvektor bezeichnet. Für parallel-kinematische Werkzeugmaschine beschreibt sie die Auswirkungen kleinster Lageänderungen des Endeffektors im absoluten Koordinatensystem in Bezug auf die Antriebe an einem bestimmten Arbeitspunkt.

Die kinematische Jacobi-Matrix wird definiert wie folgend

$$
J_C = \frac{\partial L}{\partial X} =
\begin{pmatrix}
\frac{\partial l_1}{\partial x} & \frac{\partial l_1}{\partial y} & \frac{\partial l_1}{\partial z} & \frac{\partial l_1}{\partial A} & \frac{\partial l_1}{\partial B} & \frac{\partial l_1}{\partial C} \\
\frac{\partial l_2}{\partial x} & \frac{\partial l_2}{\partial y} & \frac{\partial l_2}{\partial z} & \frac{\partial l_2}{\partial A} & \frac{\partial l_2}{\partial B} & \frac{\partial l_2}{\partial C} \\
\frac{\partial l_3}{\partial x} & \frac{\partial l_3}{\partial y} & \frac{\partial l_3}{\partial z} & \frac{\partial l_3}{\partial A} & \frac{\partial l_3}{\partial B} & \frac{\partial l_3}{\partial C} \\
\frac{\partial l_4}{\partial x} & \frac{\partial l_4}{\partial y} & \frac{\partial l_4}{\partial z} & \frac{\partial l_4}{\partial A} & \frac{\partial l_4}{\partial B} & \frac{\partial l_4}{\partial C} \\
\frac{\partial l_5}{\partial x} & \frac{\partial l_5}{\partial y} & \frac{\partial l_5}{\partial z} & \frac{\partial l_5}{\partial A} & \frac{\partial l_5}{\partial B} & \frac{\partial l_5}{\partial C} \\
\frac{\partial l_6}{\partial x} & \frac{\partial l_6}{\partial y} & \frac{\partial l_6}{\partial z} & \frac{\partial l_6}{\partial A} & \frac{\partial l_6}{\partial B} & \frac{\partial l_6}{\partial C}
\end{pmatrix}
\tag{6}
$$

Wie ebenfalls im vorigen Abschnitt erläutert, existieren für die Beschreibung der Orientierung eines Körpers im Raum verschiedene Möglichkeiten. Darum gibt es auch Jacobi-Matrix nach Euler-Winkel J_E, nach Kardan-Winkel J_K und nach relativ Koordinatensystem des Endeffektors J_R.

Die Kräfte im Antriebskoordinatensystem und die Kräfte im absoluten Koordinatensystem werden demzufolge mit Gleichung (7) ineinander umgerechnet.

$$F_X = J_C^T \cdot F_L \tag{7}$$

Bei der Auslegung von Getrieben und Manipulatoren ist darauf zu achten, dass der Mechanismus im Arbeitsraum keine Singularitäten aufweist. Singularitäten bzw. singuläre Stellungen eines Mechanismus sind solche, in denen die Beweglichkeit des An- und/oder Abtriebes eingeschränkt wird.[1]

1. Art:	2. Art:	3. Art:
keine Bewegungsübertragung	keine Kraftübertragung	weder Kraft- noch Bewegungsübertragung
$\det(J^{-1}) = 0$	$\det(J) = 0$	$\det(J) = 0$ und $\det(J^{-1}) = 0$

Tabelle 1-2: Singularitäten in Mechanismen

1.4. Maschinensteifigkeit

Die statische Steifigkeit wird als wesentlicher Parameter zur Charakterisierung der Werkzeugmaschineneigenschaften. Aufgrund der geschlossenen kinematischen Ketten besitzt parallelkinmatische Werkzeugmaschinen höhere Steifigkeit als serielle Maschine und dieser Fakt wurde als einer der wesentlichen Vorteile von PKM hervorgehoben.

Zwei Fachwerke mit unterschiedlicher Stellung der Streben zueinander und unterschiedlichen Strebenlängen werden einer identischen Belastung ausgesetzt. Es kommt zu unterschiedlicher Übertragung der Kräfte in die Streben. Das heißt, die Steifigkeit der Struktur gegenüber einer äußeren Belastung ist trotz gleicher Baugruppensteifigkeit unterschiedlich.

Allgemeine Definition der Steifigkeit lautet:

$$K = \frac{\Delta F}{\Delta X} \tag{8}$$

Diese Gleichung gilt gleichermaßen im eindimensionalen Fall wie bei räumlichen Federanordnungen. In Parallelkinematiken ist K eine n x n-Matrix. Unter der Vorraussetzung, dass alle kinematischen Ketten die gleiche Steifigkeit k besitzen, ist

$$K_X = k \cdot J_C^T \cdot J_C, \tag{9}$$

Die Steifigkeitsmatrix vereinigt die translatorischen und die rotatorischen Anteile der Steifigkeit.

Dämpfung in PKM lässt sich wie die statische Steifigkeit auch mittels einer Matrix darstellen:

$$B_X = b \cdot J_C^T \cdot J_C \tag{10}$$

1.5. Zusammenfassung der Parallelkinematiken

Parallelkinematiken verfügen über Eigenschaften, die der Produktionstechnik eine Reihe neuer Möglichkeiten eröffnet. Durch die parallele Anordnung der Antriebe und durch die vorzugsweise Belastung der Streben in Zug- und Druckrichtung, ergeben sich völlig neue Möglichkeiten des Leichtbaus und damit im Zusammenhang höhere Geschwindigkeiten und Beschleunigung. Weiterhin verfügen die Kinematiken in der Regel über einen hohen Grad an Wiederholteilen, die eine wirtschaftliche Fertigung ermöglichen [8].

Vorteile	Nachteile
• hohe Steifigkeit	• Ungünstiges Verhältnis Bauraum und Arbeitsraum
• hohe Dynamik	
• eine geringe zu bewegende	• anisotropisches Verhalten

Masse	• beschränkte Neigungs-
• hohe Anzahl von Wiederholteilen	möglichkeiten des Endeffektors
• Fundamentarme Aufstellung	• aufwendige Steuerung
• Realisierung des	• thermische Anfälligkeit
Baukastenprinzips	• aufwendige Kalibrierung

Tabelle 1-3: Eigenschaften der Parallelkinematiken

1.6. METROM P800

Als Gegenstand der Untersuchung für diese Arbeit stand eine parallel-kinematische 5-Achse-HSC-Fräsmaschine P800 von der Firma METROM GmbH zur Verfügung.

Technische Daten P800 [16]:

- 5 Streben - Kinematik (Pentapod)
- Rundtisch (Ø 800 mm mit Direktantrieb
- 5 Seiten Bearbeitung
- Hohe Produktivität durch hohe Dynamik (Beschleunigung 12 m/s² und Geschwindigkeit: 60 m/min)
- Großer Arbeitsraum bei kleinem Bauraum
- Schwenkwinkel >90°
- Wiederholgenauigkeit: 0,003 mm
- HSK 63, 24.000 1/min, 14 kW

Steuerung:

- andronic 2000 -Hochleistungssteuerung
- zusätzlicher Prozessor für Parallelkinematik
- Blockzykluszeit = 1 ms (opt. 0,5 ms)
- komfortable Look - ahead - Funktion
- Echtzeitüberwachung der Kinematik

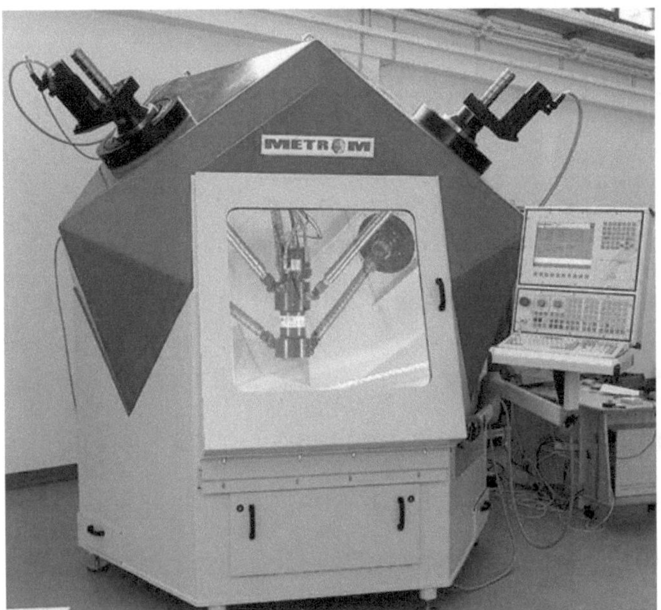

Abbildung 1-4: METROM P800

2. Modalanalyse und Identifizierung des Schwingungsmodells

2.1. Modalanalyse

Modalanalyse nennt man den Vorgang zur Ermittlung sämtlicher Modalparameter, auf deren Grundlage man dann ein mathematisches Modell des dynamischen Verhaltens erstellen kann. Die Modalanalyse kann analytisch oder durch experimentelle Methoden erfolgen. Die Modalparameter sind Modalfrequenz, Modaldämpfung und Modenform. Die Modalparameter sämtlicher Moden, innerhalb des in Betracht kommenden Frequenzbereichs, bilden eine komplette Beschreibung der Strukturdynamik. Die Schwingungsmoden repräsentieren somit die inneren dynamischen Verhältnisse einer freien Struktur.

Die prinzipielle Vorgehensweise bei der Modalanalyse kann man in drei Schritten zusammenfassen. Erster Schritt ist die Approximation der Maschine durch eine Anzahl von Strukturpunkten. Mit der Auswahl der Messpunkte beeinflusst der Benutzer maßgeblich die Identifikation von Schwingungsformen und auch Schwachstellen der Struktur. Die Messpunkte sollten so gewählt werden, dass die gemessene Schwingungsform ausreichende Informationen über die dynamische Bewegung der Maschine erlaubt. Zur Anregung der Schwingungsformen wurden häufig sinusförmige, impulsartige oder stochastische Signale genutzt. Die Nachgiebigkeiten der Maschine in den drei Maschinenkoordinatenrichtungen werden an allen Strukturpunkten gemessen. Im Anschluss an die Ermittlung der Übertragungsfunktionen für jeden Strukturpunkt in den drei Maschinenkoordinatenrichtungen, erfolgt so genannte „Curve-Fitting". Dessen Ziel ist eine Reduktion des enormen Datenvolumens durch eine mathematische Beschreibung der gemessenen

Übertragungsfunktionen als Polynomfunktion. Die modalen Parameter z.B. Dämpfung und Eigenvektor werden berechnet. Zum letzten Schritt werden die Schwingungsformen mit verschiedenen Eigenfrequenzen dargestellt und zur Analyse und Behebung der dynamischen Schwachstellen benutzt.

2.2. Durchführung der Messung

2.2.1. Aufbau der Messung

Die zum Modalanalyse verwendet Messgeräte sind von der Firma Brüel & Kjaer GmbH. Die Hauptkomponente stellt eine Front-end Hardware Typ 3560-C dar, die aus zwei Modulen Typ 3035 und Typ 7540-A mit Dyn-X Technik besteht. Dyn-X ist einen innovativen Bereich von state-of-the-art Inputmodule mit einem einzelnen Inputbereich von 0 bis 10V und einem Analysebereich über 160dB. Der Typ 3035 ist eine 6-channel Charge & CCLD Input Module, die eine direkte Verbindung von dem Ladungswandler zu das PULSE System ermöglicht.

Der andere ist eine PULSE Controller Module Type 7540-A. Er hat mehrere Funktionen wie LAN-Verbindung zwischen den Front-end und den Rechner, 5 Inputkanäle, ein Outputkanal für einen Generator, ein Input für Tachsignal und mehrere Inputkanäle für Hilfssignale (wie z.B. Temperatur).

Als Sensor wird ein Beschleunigungssensor Type 4506B mit hoher Empfindlichkeit und kleinem Baumaß verwendet. Zur Erregung wird ein Impulshammer Type 8202 mit Kopf Type 8200 eingesetzt. (Technische Daten siehe Anlage 1 und 2)

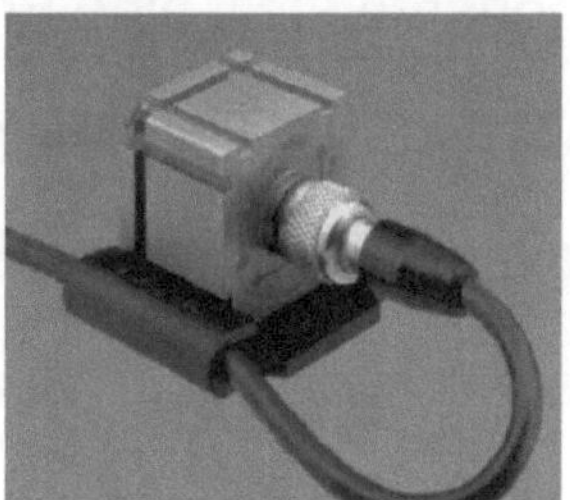

Abbildung 2-2: Sensor Type 4506B [17]

Auf dem Rechner werden PULSE Version 12 für die Datenerfassung und ME'scopeVES Version 5.0 für die Auswertung der Modalanalyse installiert.

In PULSE gibt man gewünschte Messpunkte und auch einige Inter-polationspunkte ein. Die Interpolationspunkte stellen ideale Messpunkte z.B. Mittelpunkt des Kardangelenks dar bzw. sie befinden sich in den Positionen, die man mit dem Sensor nicht erreichen kann. Nach der Messung erzeugen in solchen Punkte aus benachbarten gemessenen Punkten interpolierte Daten. Für die Messung standen nur 3 Beschleunigungssensoren zur Verfügung, wobei zwei Sensoren für die Messung der Antworten in einzelnen Messpunkten verwendet werden und der dritte Sensor liefert ein Referenz-signal. Somit konnte bessere Genauigkeit der Messdaten erreicht werden.

Nach einigen Probemessungen wurden die Platzierung der Messpunkte optimiert, um die Struktur am besten und gleichzeitig so einfach wie möglich abbilden zu können (siehe Abbildung 2-3).

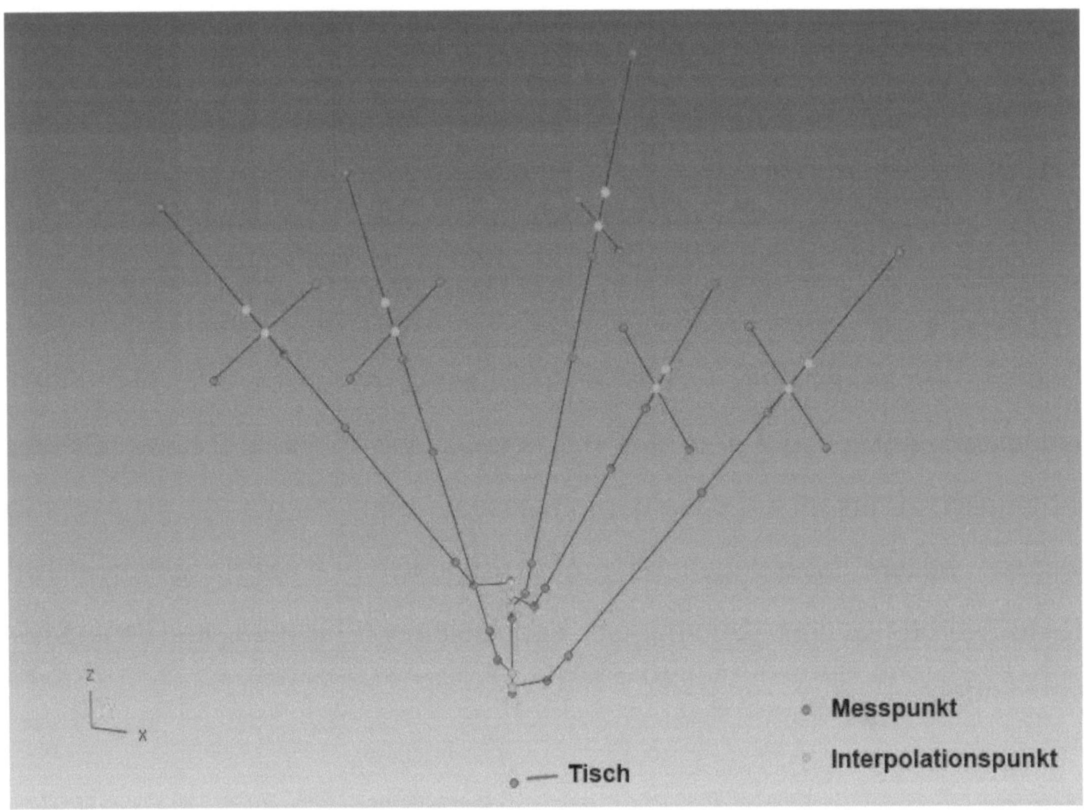

Abbildung 2-3: Modell mit Mess- und Interpolationspunkte

Auf jedem Sensor befindet sich ein Koordinatensystem. Um es mit Maschinenkoordinaten in Übereinstimmung zu bringen, wird eine Transformation des Koordinatensystems nach Euler-Winkel durchgeführt. Das neue Sensorkoordinatensystem wurde so gewählt, dass die X-Achse in den Strebenrichtungen zeigt und die Z-Achse lag in zum Maschinentisch senkrecht. Die Drehwinkel der Sensoren auf jeweiligen Streben und Gelenke wurden wie in der Tabelle 2-1 in die Software eingegeben.

Sensor auf	um X	um Z	um Z'
Strebe 1	44°	315°	90°

Strebe 2	43°	45°	90°
Strebe 3	53°	120°	90°
Strebe 4	55°	240°	90°
Strebe 5	56°	0°	90°
Gelenk 1	48°	76°	0°
Gelenk 2	48°	284°	0°
Gelenk 3	42°	300°	0°
Gelenk 4	42°	60°	0°
Gelenk 5	42°	180°	0°

Tabelle 2-1: Transformation für den Sensoren in den Software

Bei der Probemessung wurde erstmal der Frequenzbereich bis 800Hz eingestellt. Abbildung 2-4 zeigt den Frequenzgang im Punkt 2 bzw. TCP. Es ist deutlich zu erkennen, dass der interessante Bereich unter 400Hz liegt. So wurden weitere Messungen im Frequenzbereich 0 - 400Hz durchgeführt. Dazu wurde weicher Gummi als Koppelelement für den Impulshammer verwendet.

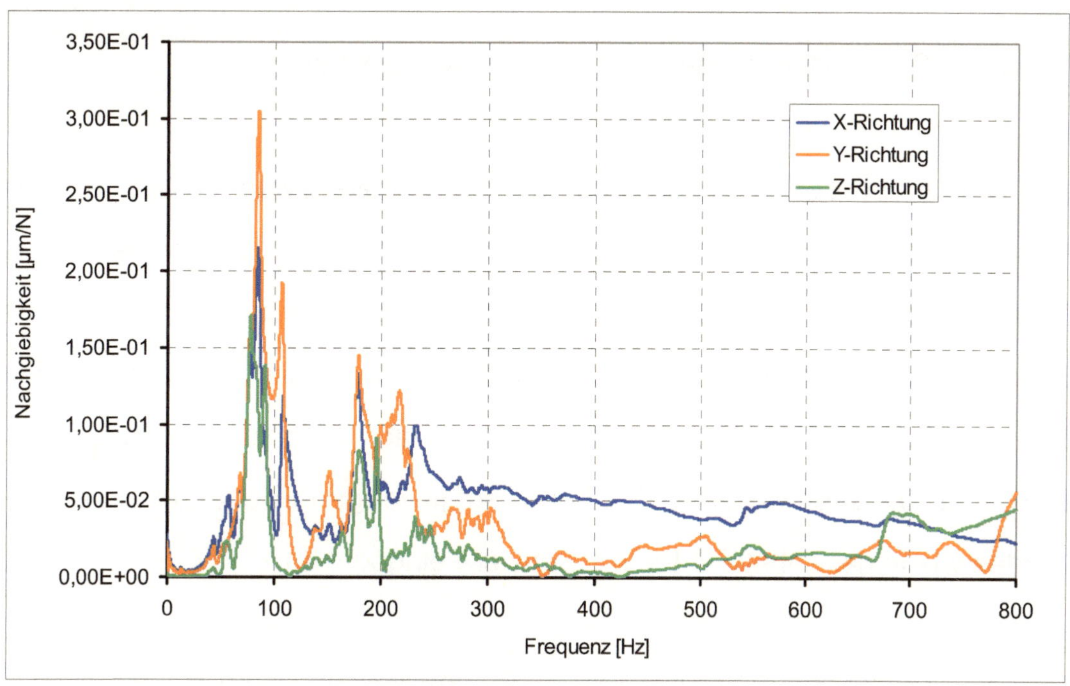

Abbildung 2-4: FRF im Punkt 2 bzw. TCP

2.2.2. Auswertung der Ergebnisse

Die von PULSE gemessene Daten wurden in ME'scopeVES importiert. Nach der Zuordnung der gemessenen Nachgiebigkeitsfrequenzgänge den entsprechenden Messpunkten und erforderliche Interpolationen konnte das „Curve-Fitting" durchgeführt werden und schließlich auch die Schwingungsformen dargestellt werden.

Die Eigenfrequenzen und modale Dämpfungen sind in der Anlage 4.

Das Curve-Fitting wurde mit zwei Methoden durchgeführt. Ein Vergleich mittels MAC Kriterium ist in Abbildung 2-5 dargestellt.

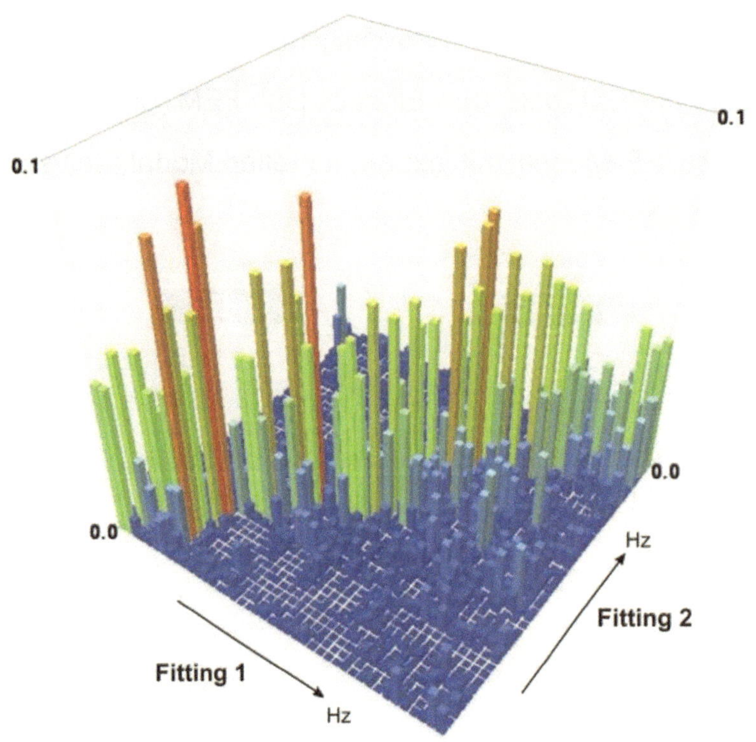

Abbildung 2-5: MAC von Curve-Fitting 1 und 2

In MAC werden die Abweichungen von den Eigenfrequenzen aus 2 Fitting gezeigt. Je höher der Werte bzw. Balken sind, desto genauer die beide Eigenfrequenz gegeneinander übereinstimmen. Wenn alle Balken auf den Diagonale liegen, handelt es sich um idealen Fall.

2.3. Identifizierung des Schwingungsmodells

Das Schwingungsmodell kann man parametrisch oder nicht parametrisch identifizieren. Die nicht parametrische Identifizierung wird i.A. in PULSE durchgeführt, wo die Frequenzgangskurve bloß aus gemessenen Ein- und Ausgangssignale ermittelt wird. Dazu werden keine Parameter z.B. Massematrix gebraucht, die aber bei der parametrischen Identifikation berechnet werden. Diese Parameter können dann durch ein „Curve-Fitting" Verfahren aus der gemessenen Nachgiebigkeitsfrequenzgangskurve berechnet werden [13]. Dies ist aufwendig für ein kompliziertes Modell. Auf diese Stelle kommt FEMTools zum Einsatz. Das FEMTools ist eine Software, mit der man das FE-Modell mit experimenteller Modalanalyse abgleichen

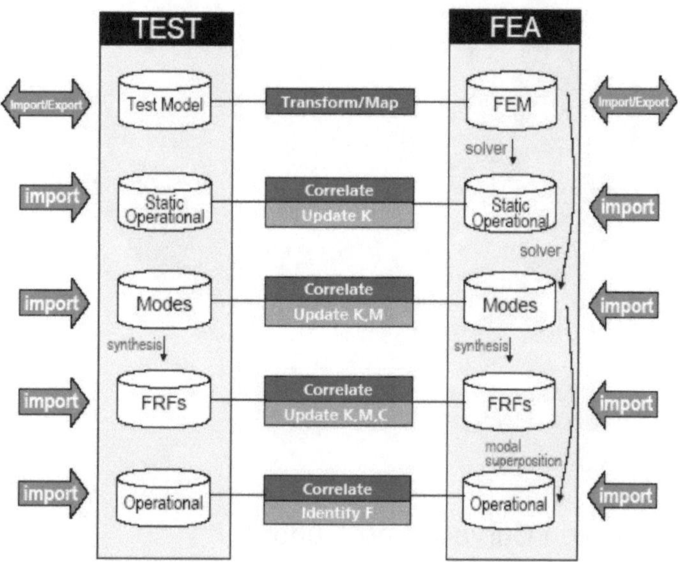

Abbildung 2-6: Updating in FEMTools

kann. Durch gezielte Veränderung von physikalischen Parametern werden die Eigenfrequenzen angepasst, die als „Updating" bezeichnet wird

Nach dem Updating entstehen neue Parametern des identifizierten Modells.

2.3.1. FE-Modell

Das FE-Modell erzeugt man mit Hilfe von ANSYS. Der Einfachheithalber wird ein Draht-Modell mit verschiedenen Elementtypen und Real Konstanten aufgebaut.

Die verwendeten Elementtypen sind

- Masse (MASS21)
- Pipe für Streben und Hauptspindel (PIPE16)
- Beam für steife Verbindung (BEAM4)

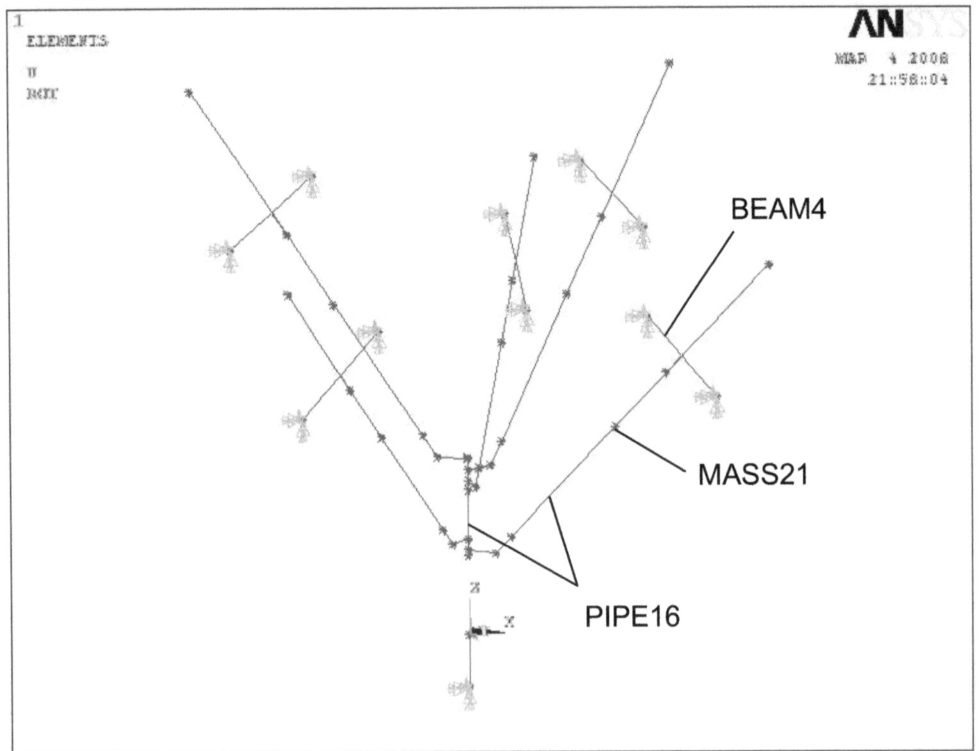

Abbildung 2-7: Draht-Modell in ANSYS

Als Randbedingungen werden die Kardangelenke fest gelagert. So ein FE-Modell kann nun ins FEMTools importiert werden.

2.3.2. Updating

Während der Updating werden die Parameter geändert und die Eigenfrequenzen werden neu berechnet. In Abbildungen 2-8 und 2-9 sind die MAC Diagramme vor und nach der Updating gezeigt.

Die aktualisierte Parameter sind E-Modul, Massen, Dicke der Pipe-Elemente und Trägheitsmomente.

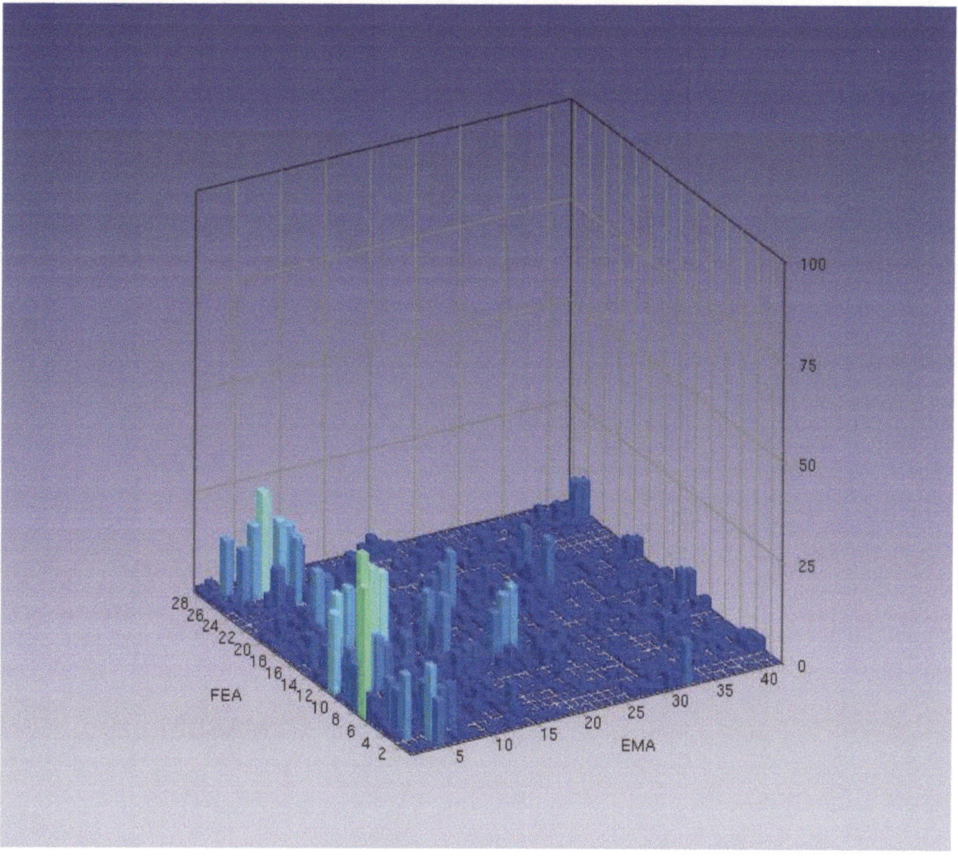

Abbildung 2-8: MAC vor Updating

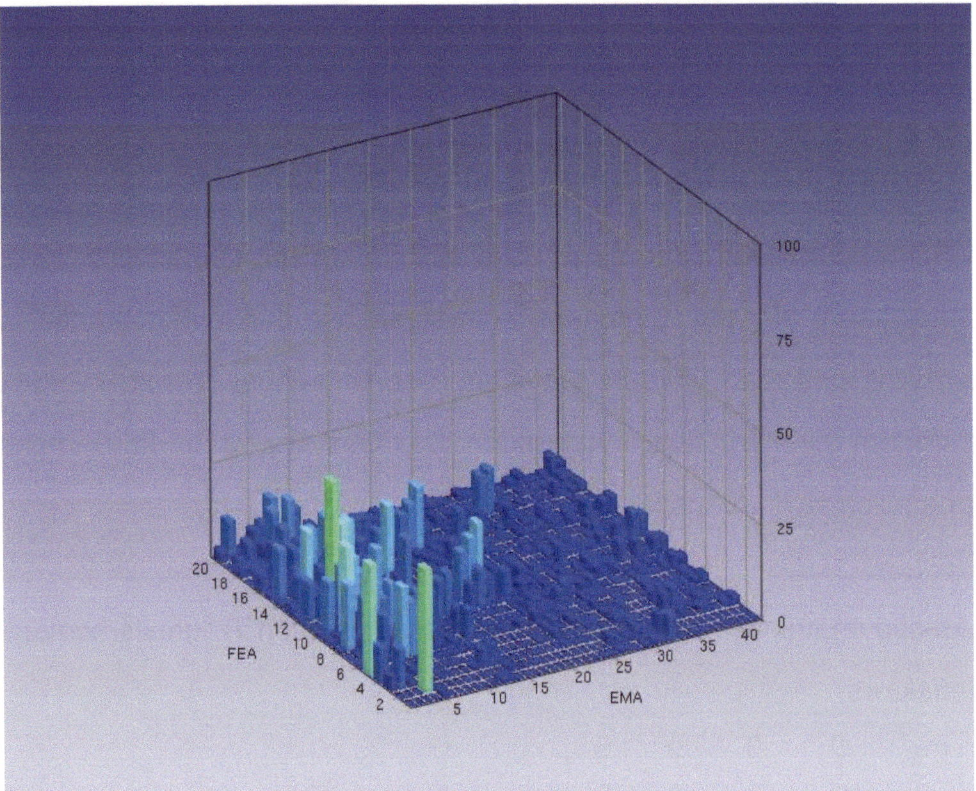

Abbildung 2-9: MAC nach Updating

3. Schwingungsmodell mittels Jacobimatrizen

3.1. Aufstellung des Schwingungsmodells

Das Schwingungsverhalten einer Parallelkinematik mit längenveränderlichen Streben kann als ein Einmassenschwinger mit 6 Freiheitsgraden stark vereinfacht modelliert werden. Der Einmassenschwinger ist mit 6 Zug- bzw. Druckfedern mit dem Gestell verbunden. Das Gestell wird für die Berechnung als unendlich steif vorausgesetzt [12].

Die Massenmatrix besteht dann aus die Masse und den Trägheitsmoment des Endeffektors.

$$M = \begin{pmatrix} m_{EE} & 0 & 0 & 0 & 0 \\ 0 & m_{EE} & 0 & 0 & 0 \\ 0 & 0 & m_{EE} & 0 & 0 \\ 0 & 0 & 0 & J_{EE} & 0 \\ 0 & 0 & 0 & 0 & J_{EE} \end{pmatrix} \qquad (11)$$

Für Steifigkeitsmatrix werden hier die Steifigkeiten der Streben und der Mutter berücksichtigt.

$$K = \begin{pmatrix} k_{ges} & 0 & 0 & 0 & 0 \\ 0 & k_{ges} & 0 & 0 & 0 \\ 0 & 0 & k_{ges} & 0 & 0 \\ 0 & 0 & 0 & k_{ges} & 0 \\ 0 & 0 & 0 & 0 & k_{ges} \end{pmatrix} \cdot J_C^T \cdot J_C \qquad (12)$$

$$\text{mit} \quad \frac{1}{k_{ges}} = \frac{1}{k_s} + \frac{1}{k_M} \qquad (13)$$

Nach dem Einsetzen der Werte aus Anlage 5 berechnet man die Eigenfrequenzen

$$f = \begin{pmatrix} f_1 \\ f_2 \\ f_3 \\ f_4 \\ f_5 \end{pmatrix} = \begin{pmatrix} 244{,}609 \\ 371{,}727 \\ 666{,}294 \\ 768{,}254 \\ 859{,}728 \end{pmatrix} Hz \qquad (14)$$

und entsprechende Eigenvektoren

$$\begin{pmatrix} v_1 \\ v_2 \\ v_3 \\ v_4 \\ v_5 \end{pmatrix}^T = \begin{pmatrix} -0{,}039 & -0{,}183 & 0{,}076 & 0{,}01 & 0{,}133 \\ 0{,}135 & -0{,}049 & -0{,}038 & -0{,}276 & 0{,}007 \\ -0{,}079 & 0{,}062 & 0{,}22 & -0{,}165 & -0{,}027 \\ 0{,}949 & -0{,}109 & 0{,}971 & 0{,}946 & -0{,}198 \\ 0{,}272 & 0{,}974 & 0{,}049 & 0{,}049 & 0{,}971 \end{pmatrix} \qquad (15)$$

Diese Ergebnisse sind sehr ungenau. Es ist notwendig ein neues Schwingungsmodell zu finden. Um die Eigenschaften der parallelkinematischen Maschine besser darzustellen, muss man mehr berücksichtigen z.B. die Massen und Trägheitsmomente der Streben und der Gelenke. Deswegen wird folgendes Schwingungsmodell einer Strebe aufgestellt (Abbildung 3-1).

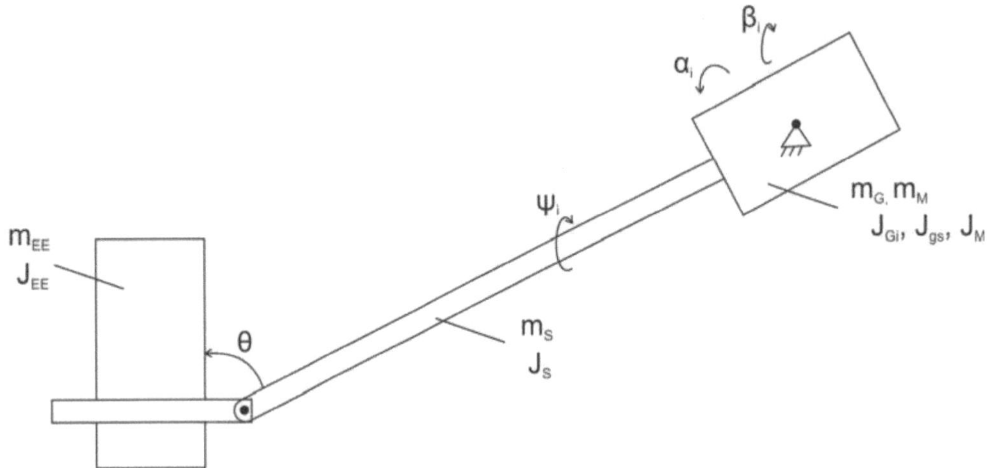

Abbildung 3-1: neues Schwingungsmodell einer Strebe

Dieses Modell besitzt

- Endeffektor mit Masse M_{EE} und Trägheitsmoment J_{EE}

- jede Strebe mit Masse m_s, Trägheitsmoment J_s und Steifigkeit k_s

- jedes Gelenk mit Masse m_G, Trägheitsmoment J_{Gi} (Innerring), J_{Gs} (Spannring) und Steifigkeit k_G

- jeder Motor mit Masse m_M, Trägheitsmoment J_M

- jede Mutter mit Steifigkeit k_{Mutter}

- jedes Spindelgelenk mit Steifigkeit k_{SG}

Als lokale Koordinaten definiert man

- Verschiebung der Streben: $q_1 \dots q_5$

- Drehung in den Gelenken mit Motoren: $\alpha_1 \dots \alpha_5$, $\beta_1 \dots \beta_5$

- Drehung der Streben: $\psi_1 \dots \psi_5$

- Drehung des Endeffektors θ

Die Freiheitsgraden der Hauptspindel im Arbeitsraum wird als generalisierte Koordinaten $X = (x, y, z, A, B)^T$ definiert.

Weil die Jacobi-Matrix sich mit der Position der Hauptspindel im Arbeitsraum ändert, wird hier die Eigenfrequenzen in der Position P(x=0, y=0, z=300, A=0, B=0) ermittelt.

Die kinematische Jacobi-Matrix in der Position P ist

$$J_c = \begin{pmatrix} 0{,}612 & 0{,}623 & 0{,}486 & 0{,}029 & -0{,}028 \\ -0{,}625 & 0{,}637 & 0{,}452 & -1{,}41 \cdot 10^{-3} & -1{,}384 \cdot 10^{-3} \\ -0{,}672 & -0{,}388 & 0{,}63 & 0{,}105 & -0{,}182 \\ 0{,}651 & -0{,}376 & 0{,}659 & 0{,}083 & 0{,}143 \\ 0 & 0{,}728 & 0{,}685 & -0{,}123 & 0 \end{pmatrix} \qquad (16)$$

3.2. Bewegungsgleichung

Um das Schwingungsverhalten mathematisch beschreiben zu können, wird eine Bewegungsgleichung für das Modell aufgestellt. Ausgehend von einem ungedämpften und unbelasteten System mit mehreren Freiheitsgraden lautet die Bewegungsgleichung:

$$M \cdot \ddot{X} + K \cdot \dot{X} = 0 \tag{17}$$

Dabei ist M die Massenmatrix und K die Steifigkeitsmatrix des Systems. Die Bewegungsgleichung kann man mittels der Lagrange'sche Gleichung oder des Prinzips der virtuellen Arbeiten aufstellen [11]. In folgenden Abschnitten wird die Massenmatrix mittels der Lagrange'schen Gleichung und die Steifigkeitsmatrix mittels des Prinzips der virtuelle Arbeit berechnet.

3.2.1. Berechnung der Massenmatrix

Die Elemente m_{kl} der Massenmatrix berechnet man aus der kinetischen Energie.

$$m_{kl} = m_{lk} = \frac{\partial^2 W_{kin}}{\partial \dot{q}_k \partial \dot{q}_l} \tag{18}$$

für Endeffektor:

$$W_{kin}^{EE} = \frac{1}{2}\left[m_{EE} \cdot \dot{q}_1^2 + \left(J_{EE} + m_{EE}l_1^2\right)\cdot\left(\dot{\alpha}_1^2 + \dot{\beta}_1^2\right) + J_{EE} \cdot \dot{\theta}^2\right] \tag{19}$$

für Streben:

$$W_{kin}^{Stri} = \frac{1}{2}\left(m_S \cdot \dot{q}_i^2 + J_S \cdot \dot{\alpha}_i^2 + J_S \cdot \dot{\beta}_i^2 + J_S \cdot \dot{\psi}_i^2\right), \ i=1...5 \tag{20}$$

für Gelenke mit Motoren:

$$W_{kin}^{Gi} = \frac{1}{2}\left[\left(J_{Gi} + J_{Gs} + J_M\right)\cdot\dot{\alpha}_i^2 + \left(J_{Gi} + J_M\right)\cdot\dot{\beta}_i^2\right], \ i=1...5 \tag{21}$$

Die gesamte kinetischer Energie ergibt sich dann zu:

$$W_{kin}^{ges} = W_{kin}^{EE} + \sum_{i=1}^{5} W_{kin}^{Stri} + \sum_{i=1}^{5} W_{kin}^{Gi} \tag{22}$$

In lokalen Koordinaten erhält man eine diagonale Massenmatrix. Um die Massenmatrix in generalisierte Koordinaten umsetzen zu können, wird eine Transformationsmatrix T gesucht, wobei gilt:

$$\left(\dot{q}_1, \ldots, \dot{q}_5, \dot{\alpha}_1 \ldots \dot{\alpha}_5, \dot{\beta}_1 \ldots \dot{\beta}_5, \dot{\psi}_1 \ldots \dot{\psi}_5, \dot{\theta} \right)^T = T \cdot \left(\dot{x}, \dot{y}, \dot{z}, \dot{A}, \dot{B} \right)^T \tag{23}$$

Die Matrix T hat die Dimension 21×5. Die ersten fünf Zeilen entsprechen genau der kinematischen Jacobi-Matrix. Andere Elemente bezeichnen sich als z.B. $T_{\alpha1\_x}$, was die Transformation von α_1 zu x bedeutet.

$$\dot{\alpha} = T_{\alpha1\_x} \cdot \dot{x} + T_{\alpha1\_y} \cdot \dot{y} + T_{\alpha1\_z} \cdot \dot{z} + T_{\alpha1\_A} \cdot \dot{A} + T_{\alpha1\_B} \cdot \dot{B} \tag{24}$$

Nun muss ein Weg gefunden wird, wie man von einer gegebenen x den Drehwinkel α an der Gelenk 1 berechnen kann. Wenn y, z, A und B auf Null gesetzt werden, entsteht folgende Beziehung

$$T_{\alpha1\_x} = \frac{\dot{\alpha}}{\dot{x}} \tag{25}$$

Die Ableitung löst man mit numerischem Verfahren. Analog werden die Elemente T_β, T_ψ und T_θ auch berechnet. (siehe Anlage 1).

Bei der Bestimmung der Trägheitsmomente wird von einen zylinderförmiger Körper ausgegangen, bei dem die Dichte, die Abmessungen des Körpers und die realen Masse angepasst werden. Die Werte sind in der Anlage 3 aufgelistet.

Nach der Transformationen und partieller Ableitungen bekommt man eine 5×5 Massenmatrix

$$M = \begin{pmatrix} 76{,}027 & 42{,}303 & 33{,}447 & 1{,}873 & 2{,}06 \\ 42{,}303 & 77{,}015 & 46{,}149 & -1{,}248 & -2{,}108 \\ 33{,}447 & 46{,}149 & 62{,}777 & 2{,}639 & -2{,}198 \\ 1{,}873 & -1{,}248 & 2{,}639 & 155{,}512 & 100{,}511 \\ 2{,}06 & -2{,}108 & -2{,}198 & 100{,}511 & 143{,}385 \end{pmatrix} \tag{26}$$

3.2.2. Berechnung der Steifigkeitsmatrix

Die Elemente k_{kl} der Steifigkeitsmatrix können entweder aus der potentiellen Energie.

$$k_{kl} = k_{lk} = \frac{\partial^2 W_{pot}}{\partial q_k \partial q_l} \tag{27}$$

oder mittels des Prinzips der virtuellen Arbeiten.

Da in dem Modell nur die Steifigkeiten von den Streben, den Muttern und den Gelenken berücksichtigt werden, kann man die Steifigkeitsmatrix mit Gleichung (9) berechnen. Für die Berechnung werden alle Steifigkeiten als eine Reihenschaltung betrachtet. Die gesamte Steifigkeit ergibt sich dann zu

$$\frac{1}{k_{ges}} = \frac{1}{k_s} + \frac{1}{k_G} + \frac{1}{k_M} + \frac{1}{k_{SG}} \tag{28}$$

Die einzelne Steifigkeit in der Strebenrichtung sind in Anlage 3.

Da das Spindelgelenk 1 fest mit dem Endeffektor verbunden ist, besitzt die gesamte Steifigkeit für Strebe 1 51,715 N/µm. Die anderen gesamten Steifigkeiten sind 42,547 N/µm. In Matrixform schreibt man

$$k_{ges} = \begin{pmatrix} 51715000 & 0 & 0 & 0 & 0 \\ 0 & 42547000 & 0 & 0 & 0 \\ 0 & 0 & 42547000 & 0 & 0 \\ 0 & 0 & 0 & 42547000 & 0 \\ 0 & 0 & 0 & 0 & 42547000 \end{pmatrix} \tag{29}$$

Diese Matrix hat die Einheit N/m und ist für lokale Koordinaten $q_1 \ldots q_5$.

Nach der Berechung mit Gleichung (9) erhält man die Steifigkeitsmatrix in Position P

$$K = \begin{pmatrix} 732,9 & 34,9 & 36,17 & 2,446 & 82,95 \\ 34,9 & 732,5 & 282 & -59,8 & -2,446 \\ 36,17 & 282 & 762,6 & 22,33 & -15,98 \\ 2,446 & -59,8 & 22,33 & 14,48 & -3,491 \\ 82,95 & -2,446 & -15,98 & -3,491 & 23,15 \end{pmatrix} \cdot 10^5 \tag{30}$$

3.2.3.   Aufstellen und Auflösen der Bewegungsgleichung

Nach dem Einsetzen der Massen- und Steifigkeitsmatrix in Gleichung (12) bekommt man die Bewegungsgleichung in generalisierten Koordinaten.

Mit einem Ansatz nach folgender Gleichung kann die Bewegungsgleichung umgeformt werden.

$$X(t) = X_n \cdot e^{-iwt} \tag{31}$$

Als Ergebnis erhält man eine Gleichung

$$\left(-\omega^2 \cdot M + K\right) \cdot X_n \cdot e^{-iwt} = 0 \tag{32}$$

Gleichung (26) ist lösbar, wenn

$$-\omega^2 \cdot M + K = 0 \tag{33}$$

Es handelt sich hierbei um eine Eigenwertaufgabe, in der die Eigenwerte ω der Matrix $M^{-1} \cdot K$ bestimmt werden müssen.

Die Eigenwerte sind:

$$\omega = \begin{pmatrix} 2{,}249 \\ 26{,}82 \\ 620{,}34 \\ 2026{,}6 \\ 2026{,}7 \end{pmatrix} \cdot 10^3 \tag{34}$$

3.3. Eigenschwingungsformen

Mit den gefundenen Eigenwerte kann man die Eigenfrequenzen nach Gleichung (29) ermitteln.

$$f = \frac{\sqrt{\omega}}{2\pi} \tag{35}$$

Die Eigenfrequenzen für dieses mathematische Schwingungsmodell in der Position P sind:

$$f = \begin{pmatrix} f_1 \\ f_2 \\ f_3 \\ f_4 \\ f_5 \end{pmatrix} = \begin{pmatrix} 7{,}548 \\ 26{,}064 \\ 125{,}353 \\ 226{,}568 \\ 226{,}577 \end{pmatrix} \text{Hz} \tag{36}$$

Anschließend werden die entsprechenden Eigenvektoren berechnet, um die einzelne Eigenschwingungsformen darstellen zu können. Die Eigenvektoren werden mittels Mathcad berechnet.

$$\begin{pmatrix} v_1 \\ v_2 \\ v_3 \\ v_4 \\ v_5 \end{pmatrix}^T = \begin{pmatrix} -0{,}058 & -0{,}086 & 0{,}689 & -0{,}652 & -0{,}272 \\ 0{,}096 & -0{,}074 & 0{,}605 & 0{,}746 & -0{,}412 \\ -0{,}049 & 0{,}064 & 0{,}327 & -0{,}135 & 0{,}87 \\ 0{,}876 & -0{,}64 & -0{,}151 & 0{,}001 & -0{,}001 \\ 0{,}466 & 0{,}757 & 0{,}172 & -0{,}001 & -0{,}001 \end{pmatrix} \tag{37}$$

Die Eigenvektoren beschreiben die Verlagerung des Endeffektors in generalisierte Koordinaten $X = (x, y, z, A, B)^T$.

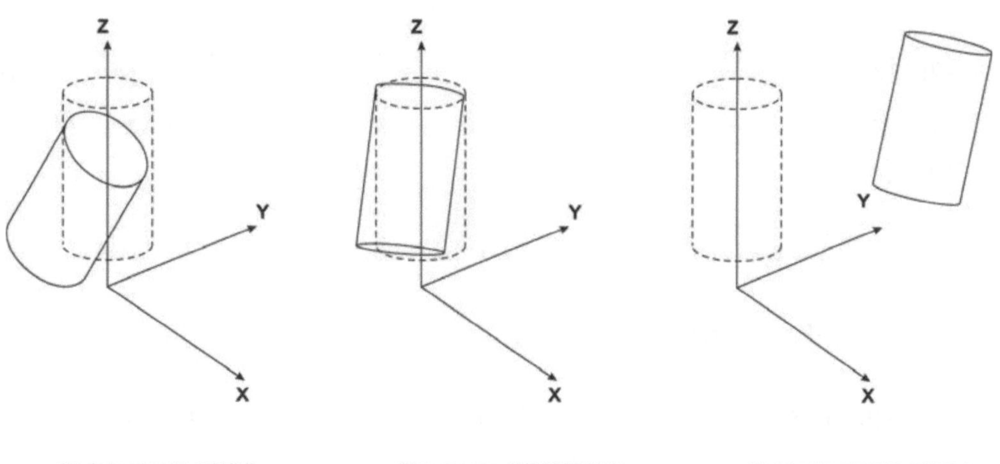

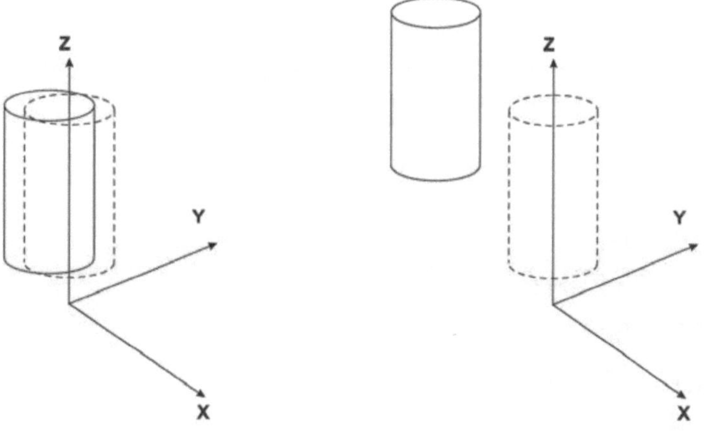

Abbildung 3-2: Eigenschwingungsformen

4. Vergleich der Berechnungsmodelle mit Experiment

Das Berechnungsmodell wird als ein ungedämpftes Schwingungssystem betrachtet. Die Masse- und Steifigkeitsmatrix werden aus der Zeichnungen und Kataloge berechnet. Die Eigenschaften der Maschinenstruktur sind bei dem Modell von [12] sehr stark vereinfacht. In Tabelle 4-1 werden die Eigenfrequenzen zwei Modelle aufgelistet. Die erste und zwei Eigenschwingungsformen beider Modelle sind gleichartig. Aber es ist deutlich zu erkennen, dass die aus dem alten Modell berechneten Eigenfrequenzen im relativ höheren Frequenzbereich liegen. Drei Eigenfrequenzen liegen sogar über den gemessenen Frequenzbereich. Durch Vergleich der Eigenschwingungsformen wird eine Ähnlichkeit zwischen 125,353 Hz von das neuen Modell und 106,182 Hz von dem Experiment gefunden.

Eigenfrequenz	altes Modell	neues Modell
1	244,609 Hz	7,548 Hz
2	371,727 Hz	26,064 Hz
3	666,294 Hz	125,353 Hz
4	768,254 Hz	226,568 Hz
5	859,728 Hz	226,577 Hz

Tabelle 4-1: Vergleich beide Modelle

Da die fünf Freiheitsgrade von dem Endeffektor als generalisierte Koordinaten in diesen zwei Modellen ausgewählt wurden, bekommt man darum nur 5 Eigenfrequenzen, die die Schwingungsformen des Endeffektors beschreiben. Das heißt, die Eigenschwingungsformen sind auf den Endeffektor beschränkt. Wenn man mehr Eigenfrequenzen haben möchte, muss er noch mehre Koordinaten einfügen, damit z.B. die Querschwingungen der Streben dargestellte werden können.

Die Massen, Trägheitsmoment und Steifigkeiten der Komponenten spielen eine große Rolle im Schwingungssystem. Dies wird in dem neuen vereinfachten Berechnungsmodell und dem FE-Modell besser berücksichtigt.

Aus der experimentellen Modalanalyse erhält man 42 Eigenfrequenzen. Beim FE-Modell werden in demselben Frequenzbereich 0-400Hz nur 20 Eigenfrequenzen gefunden, die aber die Querschwingungen der Streben beinhalten. Die Abweichungen werden mit MAC Diagramm in der Abbildung 2-9 deutlich gezeigt.

Die niedrigen Eigenfrequenzen bekommt man von dem neuen Berechnungsmodell und auch von FE-Modell, die aber von dem Experiment nicht messbar ist. Die Eigenfrequenz fangen bei dem Experiment ab 42Hz an.

5. Zusammenfassung und Ausblick

Die in dieser Arbeit gezeigten drei Berechnungsmodelle gehen von verschiedenen Überlegungen aus. Durch Vergleich mit dem Experiment kann man die Modelle besser beurteilen. FE-Modell ist nach Updating der Parameter von FEMTools relative genau und ist für weitere Untersuchung in ANSYS geeignet. Das Modell von [12] ist so stark vereinfacht dass die Ergebnisse große Abweichungen zeigen. Der Einsatz mit diesem Modell in der Praxis ist nicht sinnvoll. Demgegenüber ist das neue Berechnungsmodell mit mehre Berücksichtigung von der Maschinenstruktur besser geworden. Aber die Eigenfrequenzen sind begrenzt durch definiertes Koordinatensystem. Weitere Untersuchungsmöglichkeit wäre mehre Freiheitsgrade in das Modell hinzufügen, damit die Schwingung der Maschinen besser dargestellt werden kann. Bei der experimentellen Modalanalyse mit dem Hammer als Erreger ist die Eigenfrequenz unter 42Hz schwer messbar. Wenn man niedrige Eigenfrequenz messen möchte, soll ein anderer Erreger zum Einsatz kommen. Curve-Fitting ist von Ausschlag gegebener Bedeutung für die Auswertung der Messdaten. Dabei muss immer darauf geachtet werden, dass bei unterschiedlichen Methoden unterschiedliche Ergebnisse entsehen.

Literaturverzeichnis

[1]   Dospěl, V.: Diplomarbeit: Einfluss der Gelenksteifigkeit auf die Arbeitsgenauigkeit einer parallelkinematischen Werkzeugmaschine, 2006

[2]   Kirchner, J.: Mehrkriterielle Optimierung von Parallelkinematiken; Dissertation, Verlag Wissenschaftliche Scripten, 2001

[3]   Neugebauer, R.: Chemnitzer Parallelstruktur-Seminar, Tagungsband, Verlag Wissenschaftliche Scripten, 1998

[4]   Neugebauer, R.: Parallelkinematische Maschinen, Springer, 2006

[5]   Neugebauer, R.: Arbeitsgenauigkeit von Parallelkinematiken, 2. Chemnitzer Parallelkinematik-Seminar; Verlag Wissenschaftliche Scripten, 2000

[6]   Weck, M., Brecher, Ch.: Werkzeugmaschinen: Messtechnische Untersuchung und Beurteilung, dynamische Stabilität, Springer, 2006

[7]   Weidermann, F.: Strukturoptimierung von parallelkinematischen Werkzeugmaschinen; Dissertation, Verlag Wissenschaftliche Scripten, 2001

[8]   Wieland, F.: Entwicklungsplattform für Parallelkinematiken und Prototyp einer Werkzeugmaschine; Dissertation, Verlag Wissenschaftliche Scripten, 2000

[9]   Dresig, H., Holzweißig, F.: Maschinendynamik, Springer, 2007

[10]   Weck, M., Staimer, D.: Parallel Kinematic Machine Tools – Current State and Future Potentials. Annals of the CIRP Vol. 51/2/2002, P. 617-683

[11]   Kozak, K., Ebert-Uphoff, I., Singhose, W.: Locally Linearized Dynamic Analysis of Parallel Manipulators and Application of Input Shaping to Reduce Vibrations. Journal of Mechanical Design, January 2004, Vol. 126, P. 156-168

[12]   Heisel, U., Esteban, I.: Development of a Modelling Tool for the Dynamic Optimized Design of Machine Tools with Parallel Kinematics. Production Engineering Vol. IX/2 (2002), P. 85-88

[13]   Tlusty, J.: Experimental and Computational Identification of Dynamic Structural Models, Annals of the CIRP 1976, P. 497-503

[14]   Product Data, http://www.bksv.com/pdf/BP1838.pdf

[15]   Product Data, http://www.bksv.com/pdf/Bu0228.pdf

[16]   METROM GmbH, http://www.metrom.com/Metrom_new/de/p800m.htm

[17]   Product Data, http://www.bksv.com/doc/bp2035.pdf

Anlagenverzeichnis

Anlage 1

Technische Daten des Sensors 4506B [14]

	4506	4506 B
DYNAMIC		
Sensitivity (at 159.2 Hz)	$10\,mV/ms^{-2} \pm 10\%$ ($100\,mV/g + 8, -12\%$)	
Measuring Range	$\pm 700\,ms^{-2}$ (70 g)	
Frequency Range ($\pm 10\%$)	X: 0.3 Hz to 5.5 kHz; Y, Z: 0.6 Hz to 3.0 kHz	
Phase Response	3 Hz to 3 kHz, $\pm 5°$	
Mounted Resonance Frequency	X: 19.0 kHz; Y, Z: 10.0 kHz	
Transverse Sensitivity	<5% of the sensitivity of the axis in question	
ELECTRICAL		
Residual Noise	(1 Hz to 6 kHz) X: $<40\,\mu V\,RMS$; Equivalent to $<0.004\,ms^{-2}$ ($<400\,\mu g$) Y, Z: $<20\,\mu V\,RMS$; Equivalent to $<0.002\,ms^{-2}$ ($<200\,\mu g$)	
ENVIRONMENTAL		
Max. Non-destructive Shock ($\pm$ Peak)	$50\,kms^{-2}$ (5000 g)	
Temp. Transient Sensitivity (3 Hz Lower Limiting Frequency)	$3\,ms^{-2}/°C$	
Base Strain Sensitivity Mounted on mounting clip or on adhesive tape 0.09 mm thick:	$0.03\,ms^{-2}/\mu\varepsilon$	
Magnetic Sensitivity	$6\,ms^{-2}/T$	
Temperature Coeff. of Sensitivity	X: $+0.05\%/°C$; Y, Z: $+0.1\%/°C$	
PHYSICAL		
Sensing Element	Piezoelectric, Type PZ 23	
Dimensions (H×W×L)	$17 \times 17 \times 14.5$ mm ($0.67'' \times 0.67'' \times 0.57''$), excl. connector	
Weight	15 gram (0.53 oz.)	
Built-in ID (TEDS)	No	Yes

Anlage 2

Technische Daten des Hammers [15]

Calibration Chart for Impact Hammer Type 8202

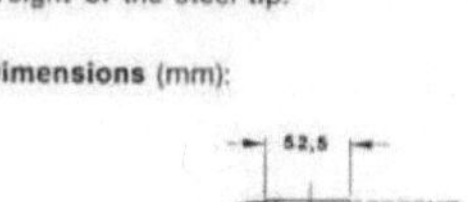

Serial No. 1666508

Type 8202 includes Force Transducer Type 8200
serial no. 1703065
(see individual calibration chart)

Sensitivity at output of hammer 0,97 pC/N
(includes the built-in attenuation of approx. 12 dB)

	Force Range (N)	Duration Range (ms)	Approx. Frequency Range (~10 dB) (Hz)
Rubber tip	100 – 700	5 – 1,5	0 – 500
Plastic tip	300 – 1000	1 – 0,5	0 – 2000
Steel tip	500 – 5000	0,25 – 0,2	0 – 7000

The additional mass decreases frequency range approx. 30%

Temperature dependence of pulse length using rubber tip

Temp. °C	−10	+ 5	+ 25	+ 40	+ 55
Duration ms	1,1	1,6	2,0	2,1	2,2

BC 0157–13

Weight of the hammer: 280 g

Materials: anodized aluminium, stainless steel, titanium, neoprene rubber

Weight of the additional mass: 122 g

Weight of the plastic tip: 3,9 g

Weight of the rubber tip: 4,1 g

Weight of the steel tip: 10,3 g

Dimensions (mm):

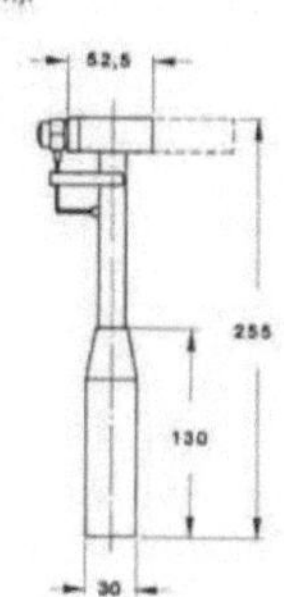

Date: 92-12-10   Signature: O. m

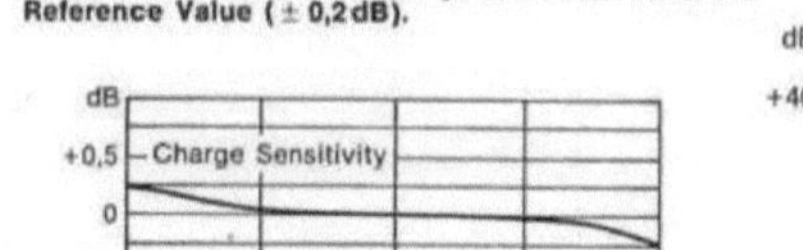

Calibration Chart for Force-Transducer Type 8200

Serial No. 1703065

Reference Sensitivity at 159,2 Hz ($\omega = 1000\,s^{-1}$) at room temperature: 3,75 pC/N (Without static Load)

Static Sensitivity, 0–1000 N tension 3,72 pC/N

Static Sensitivity, 0–5000 N compr. 3,92 pC/N

Linearity: ± 1,0 % F.S.
For Resonant Frequency mounted on steel exciter of 180 g and 5 g Load applied to the top, see attached individual Frequency Response Curve.

Polarity is positive for Compression.

Resistance: min. $10^6\,M\Omega$ at room temperature

Capacitance: typical 25 pF (without cable)

Date 92-12-04   Signature O. m

BC 0059–12

Typical Temperature Sensitivty Error in dB rel. to the Reference Value (± 0,2 dB).

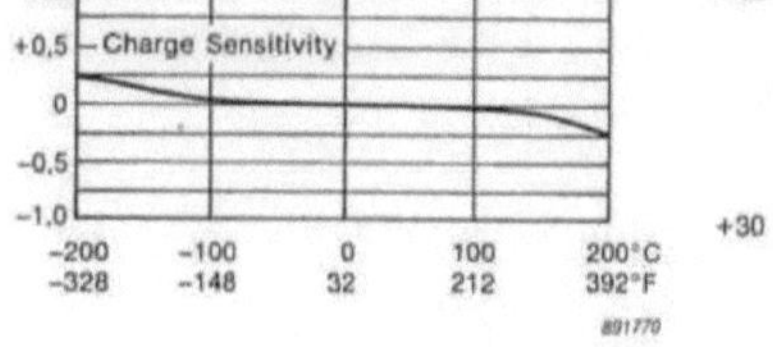

Physical:

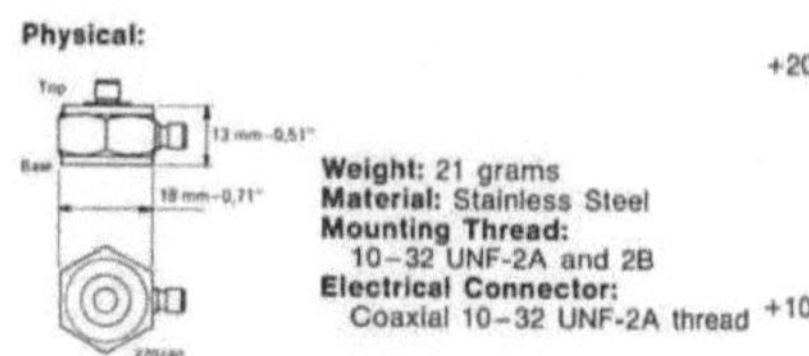

Weight: 21 grams
Material: Stainless Steel
Mounting Thread:
10–32 UNF-2A and 2B
Electrical Connector:
Coaxial 10–32 UNF-2A thread

Environmental:
Humidity: Sealed
Temperature Range: 200°C or 392°F
Magn. Sensitivity: 0,02 N/K Gauss ≈ 0,2 N/T
Max. Shock Acceleration: 10000 g*
≈ 100.000 m/s²
Max. Vibration (peak): 1000 g* ≈ 10000 ms/²

For further information see Instruction Manual.

*1 g = 9,807 m/s⁻²

dB
+40
+30
+20
+10
0
−10

Anlage 3

Messpunkte

	Select Object	Hide	Label	Color	Bold	X coord. [in]	Y coord. [in]	Z coord. [in]	Display Always	Center Point	Animate Using
1	No	No	1		Yes	0	0	0	No	None	Both
2	No	No	10		Yes	0	0	300	No	None	Both
3	No	No	1000		Yes	0	0	321,5	No	None	Both
4	No	No	1001		Yes	0	0	364	No	None	Both
5	No	No	1002		Yes	0	0	669	No	None	Both
6	No	No	1003		Yes	0	0	626	No	None	Both
7	No	No	1004		Yes	0	0	584	No	None	Both
8	No	No	100		Yes	85,476	87,05	321,5	No	None	Both
9	No	No	101		Yes	135,452	137,946	391,586	No	None	Both
10	No	No	102		Yes	465,373	473,942	854,265	No	None	Both
11	No	No	1010		Yes	727,746	741,146	1222	No	None	Both
12	No	No	104		Yes	952,637	970,178	1538	No	None	Both
13	No	No	22		Yes	532,534	727,752	1320	No	None	Both
14	No	No	23		Yes	823,006	652,748	984,425	No	None	Both
15	No	No	200		Yes	-85,476	87,05	364	No	None	Both
16	No	No	201		Yes	-136,723	139,241	432,191	No	None	Both
17	No	No	202		Yes	-459,972	468,442	862,31	No	None	Both
18	No	No	1011		Yes	-729,017	742,44	1220	No	None	Both
19	No	No	24		Yes	-532,534	727,752	1320	No	None	Both
20	No	No	25		Yes	-823,006	652,748	984,425	No	None	Both
21	No	No	300		Yes	-105,655	-61	669	No	None	Both
22	No	No	301		Yes	-157,039	-90,667	749,496	No	None	Both
23	No	No	302		Yes	-461,956	-266,71	1227	No	None	Both
24	No	No	1012		Yes	-729,154	-420,977	1646	No	None	Both
25	No	No	20		Yes	-532,533	-307,457	1715	No	None	Both
26	No	No	21		Yes	-823,007	-475,163	1415	No	None	Both
27	No	No	400		Yes	105,655	-61	626,5	No	None	Both
28	No	No	401		Yes	155,496	-89,775	708,28	No	None	Both
29	No	No	402		Yes	465,948	-269,015	1218	No	None	Both
30	No	No	1013		Yes	727,611	-420,085	1647	No	None	Both
31	No	No	26		Yes	532,533	-307,457	1715	No	None	Both
32	No	No	27		Yes	823,007	-475,163	1415	No	None	Both
33	No	No	500		Yes	0	122	584	No	None	Both
34	No	No	501		Yes	0	177,848	666,952	No	None	Both
35	No	No	502		Yes	0	545,268	1213	No	None	Both
36	No	No	1013		Yes	0	838,468	1648	No	None	Both
37	No	No	28		Yes	0	614,914	1715	No	None	Both
38	No	No	29		Yes	0	950,326	1415	No	None	Both
39	No	No	11		Yes	0	0	674	No	None	Both
40	No	No	1005		Yes	677,77	690,25	1152,13	No	None	Both
41	No	No	103		Yes	627,794	639,354	1082	No	None	Both
42	No	No	1006		Yes	0	782,62	1565,24	No	None	Both
43	No	No	503		Yes	0	726,772	1482	No	None	Both
44	No	No	1007		Yes	677,77	-391,31	1565,24	No	None	Both
45	No	No	403		Yes	627,929	-362,535	1483	No	None	Both
46	No	No	1008		Yes	-677,77	-391,31	1565,24	No	None	Both
47	No	No	303		Yes	-626,386	-361,643	1485	No	None	Both
48	No	No	1009		Yes	-677,77	690,25	1152,13	No	None	Both
49	No	No	203		Yes	-626,523	638,06	1084	No	None	Both
50	No	No	12		Yes	0	0	550	No	None	Both
51	No	No	304		Yes	-960,384	-554,477	2008	No	None	Both
52	No	No	204		Yes	-959,626	977,296	1527	No	None	Both
53	No	No	504		Yes	0	1090	2021	No	None	Both
54	No	No	404		Yes	951,893	-549,575	2015	No	None	Both

Anlage 4

Messergebnisse

Fitting 1:

	Select Shape	Label	Time/Frequency	Units	Damping (%)
1	No	GL OP-SR OP	42,9224	Hz	0,879838
2	No	GL OP-SR OP	44,0342	Hz	1,64584
3	No	GL OP-SR OP	52,646	Hz	2,10408
4	No	GL OP-SR OP	55,3686	Hz	0,57254
5	No	GL OP-SR OP	57,7959	Hz	1,75229
6	No	GL OP-SR OP	64,5583	Hz	2,78472
7	No	GL OP-SR OP	74,2273	Hz	2,97468
8	No	GL OP-SR OP	80,0768	Hz	2,77882
9	No	GL OP-SR OP	106,182	Hz	1,84086
10	No	GL OP-SR OP	136,163	Hz	0,15803
11	No	GL OP-SR OP	151,583	Hz	0,0219504
12	No	GL OP-SR OP	153,78	Hz	0,0596111
13	No	GL OP-SR OP	155,774	Hz	0,159487
14	No	GL OP-SR OP	161,012	Hz	0,0346249
15	No	GL OP-SR OP	176,647	Hz	0,747905
16	No	GL OP-SR OP	194,798	Hz	0,436732
17	No	GL OP-SR OP	198,616	Hz	0,0826943
18	No	GL OP-SR OP	198,811	Hz	0,0483386
19	No	GL OP-SR OP	201,025	Hz	0,263122
20	No	GL OP-SR OP	203,935	Hz	0,23288
21	No	GL OP-SR OP	207,753	Hz	0,602874
22	No	GL OP-SR OP	215,406	Hz	0,701836
23	No	GL OP-SR OP	228,514	Hz	0,459371
24	No	GL OP-SR OP	232,54	Hz	0,483746
25	No	GL OP-SR OP	238,286	Hz	0,416208
26	No	GL OP-SR OP	241,13	Hz	0,243116
27	No	GL OP-SR OP	244,294	Hz	0,230022
28	No	GL OP-SR OP	259,654	Hz	0,222793
29	No	GL OP-SR OP	269,032	Hz	0,0238416
30	No	GL OP-SR OP	277,357	Hz	0,294492
31	No	GL OP-SR OP	281,585	Hz	0,392129
32	No	GL OP-SR OP	301,253	Hz	0,319277
33	No	GL OP-SR OP	310,007	Hz	0,472465
34	No	GL OP-SR OP	335,162	Hz	0,77127
35	No	GL OP-SR OP	345,91	Hz	0,493193
36	No	GL OP-SR OP	356,032	Hz	0,21721
37	No	GL OP-SR OP	361,143	Hz	0,00917215
38	No	GL OP-SR OP	362,846	Hz	0,0175222
39	No	GL OP-SR OP	363,348	Hz	0,01309
40	No	GL OP-SR OP	365,185	Hz	0,034539
41	No	GL OP-SR OP	366,232	Hz	0,0121977
42	No	GL OP-SR OP	369,595	Hz	0,0210142

Fitting 2:

Select Shape		Label	Time/Frequency	Units	Damping (%)
1	No	GL OP-SR OP	43,1265	Hz	1,15662
2	No	GL OP-SR OP	46,6556	Hz	0,906818
3	No	GL OP-SR OP	59,4143	Hz	0,506648
4	No	GL OP-SR OP	86,2239	Hz	1,09777
5	No	GL OP-SR OP	89,6938	Hz	1,50844
6	No	GL OP-SR OP	95,7217	Hz	2,01907
7	No	GL OP-SR OP	103,344	Hz	2,84338
8	No	GL OP-SR OP	104,603	Hz	0,040533
9	No	GL OP-SR OP	118,842	Hz	0,882019
10	No	GL OP-SR OP	143,382	Hz	0,579376
11	No	GL OP-SR OP	150,931	Hz	0,717397
12	No	GL OP-SR OP	156,582	Hz	0,784709
13	No	GL OP-SR OP	166,176	Hz	0,42311
14	No	GL OP-SR OP	181,693	Hz	0,660644
15	No	GL OP-SR OP	191,794	Hz	0,445112
16	No	GL OP-SR OP	195,191	Hz	0,370511
17	No	GL OP-SR OP	207,273	Hz	0,377576
18	No	GL OP-SR OP	220,497	Hz	0,276743
19	No	GL OP-SR OP	224,473	Hz	0,360754
20	No	GL OP-SR OP	228,076	Hz	0,181732
21	No	GL OP-SR OP	230,192	Hz	0,12038
22	No	GL OP-SR OP	231,779	Hz	0,120433
23	No	GL OP-SR OP	233,338	Hz	0,192511
24	No	GL OP-SR OP	240,305	Hz	0,105492
25	No	GL OP-SR OP	245,462	Hz	0,289179
26	No	GL OP-SR OP	250,728	Hz	0,569986
27	No	GL OP-SR OP	257,536	Hz	0,257196
28	No	GL OP-SR OP	259,015	Hz	0,0679843
29	No	GL OP-SR OP	263,447	Hz	1,00879
30	No	GL OP-SR OP	273,731	Hz	0,722665
31	No	GL OP-SR OP	283,962	Hz	0,776841
32	No	GL OP-SR OP	289,969	Hz	0,573931
33	No	GL OP-SR OP	299,186	Hz	0,357676
34	No	GL OP-SR OP	315,449	Hz	0,796741
35	No	GL OP-SR OP	326,574	Hz	0,137719
36	No	GL OP-SR OP	353,347	Hz	0,0210408
37	No	GL OP-SR OP	361,618	Hz	0,0279626
38	No	GL OP-SR OP	366,074	Hz	0,0695056
39	No	GL OP-SR OP	374,212	Hz	0,100903
40	No	GL OP-SR OP	381,606	Hz	0,0315247
41	No	GL OP-SR OP	385,081	Hz	0,028359
42	No	GL OP-SR OP	392,151	Hz	0,0582026

Anlage 5

1. Massen und Trägheitsmomente der Komponenten

Komponente	Symbol	Masse in kg	Trägheitsmoment in kgm^2
Kardangelenk Spannring	m_G, J_{Gi}	25,9	0,372
Kardangelenk Innenring	m_G J_{Gs}	19,6	0,148
Motor	m_M, J_M	24	1,887
Strebe 1	m_{s1}, J_{s1}	21	57,357
Strebe 2	m_{s2}, J_{s2}	21	56,938
Strebe 3	m_{s3}, J_{s3}	21	54,907
Strebe 4	m_{s4}, J_{s4}	21	55,482
Strebe 5	m_{s5}, J_{s5}	21	56,082
Endeffektor	m_{EE}, J_{EE}	111	3,015

Abbildung 1: Massen und Trägheitsmomente

2. Steifigkeiten der Komponenten

Komponente	Steifigkeit
Gelenk	170 N/µm
Strebe	211 N/µm pro Meter
Mutter	1050 N/µm
Spindelgelenk (fest)	80 N/µm
Spindelgelenk	60 N/µm

Abbildung 2: Steifigkeiten

Anlage 6

Berechnungswege für α, β, ψ und θ

Bevor die Winkel berechnet werden können, müssen das nominal Modell der Maschine und alle Koordinaten der Punkte des Modells bekannt sein.

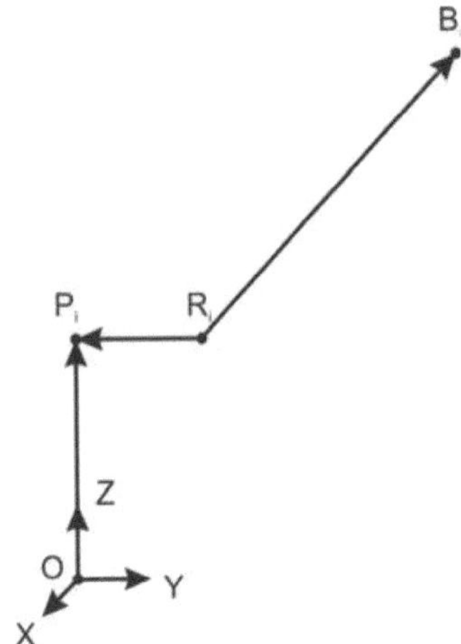

Abbildung 3: nominales Modell einer Führungskette

1.   Berechnungsweg für α und β

Um die beiden Winkel zu berechnen, muss man erstmal die Drehachsen aller Kardan-Gelenke bestimmen.

Die Einheitsvektoren aller Drehachsen der Gelenke in Maschinen-koordinatensystem sind:

$$\text{X-Achsen:} \begin{pmatrix} 0{,}655 & 0.655 & 0{,}5 & 0{,}5 & 1 \\ -0{,}556 & 0{,}556 & -0{,}866 & 0{,}866 & 0 \\ 0{,}11 & -0{,}11 & 0 & 0 & 0 \end{pmatrix}$$

$$\text{Y-Achsen:} \begin{pmatrix} 0{,}309 & -0{,}309 & 0{,}559 & -0{,}559 & 0 \\ 0{,}178 & 0{,}178 & 0{,}323 & 0{,}323 & 0{,}646 \\ -0{,}934 & -0{,}934 & 0{,}577 & 0{,}577 & -0{,}577 \end{pmatrix}$$

$$\text{Z-Achsen:} \begin{pmatrix} 0{,}5 & -0{,}5 & -0{,}5 & 0{,}5 & 0 \\ 0{,}645 & 0{,}645 & -0{,}289 & -0{,}289 & 0{,}577 \\ 0{,}289 & 0{,}289 & 0{,}645 & 0{,}645 & 0{,}646 \end{pmatrix}$$

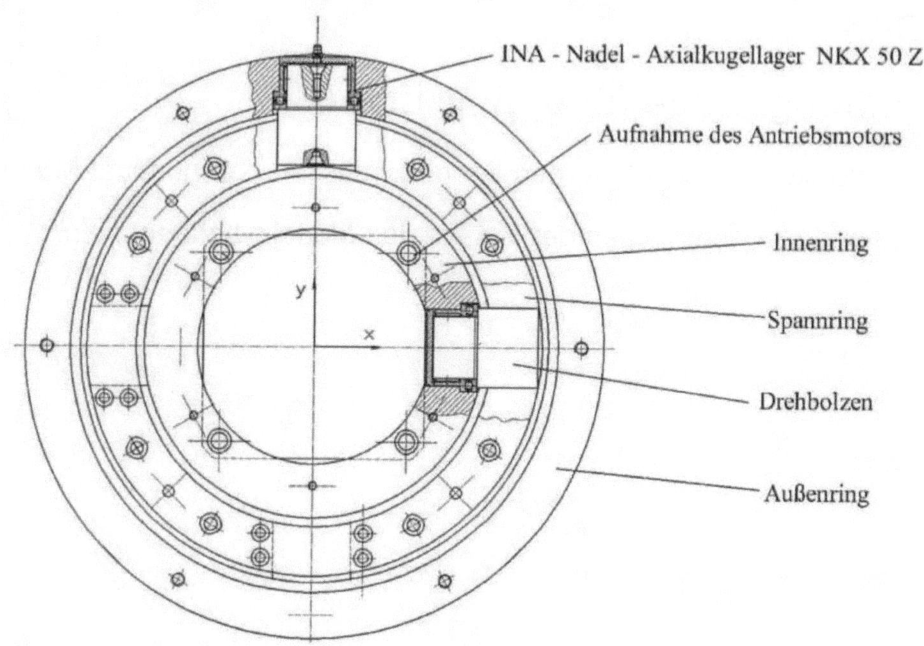

Abbildung 4: Kardangelenk

Nun erzeugt man ein neues Gelenkkoordinatensystem auf den Gelenkachsen. Zwischen das Maschinenkoordinatensystem und jeweilig Gelenkkoordinatensystem erfolgt eine Transformation T_{GKS} nach Kardan-Winkel.

$$T_{GKS}^{Gelenk1} = \begin{pmatrix} 0,809 & 0,309 & 0,5 \\ -0,586 & 0,491 & 0,645 \\ -0,046 & -0,815 & 0,578 \end{pmatrix}$$

$$T_{GKS}^{Gelenk2} = \begin{pmatrix} 0,809 & -0,309 & -0,5 \\ 0,586 & 0,491 & 0,645 \\ 0,046 & -0,815 & 0,578 \end{pmatrix}$$

$$T_{GKS}^{Gelenk3} = \begin{pmatrix} 0,661 & 0,559 & -0,5 \\ -0,736 & 0,612 & -0,289 \\ 0,145 & 0,559 & 0,816 \end{pmatrix}$$

$$T_{GKS}^{Gelenk4} = \begin{pmatrix} 0,661 & -0,559 & 0,5 \\ 0,736 & 0,612 & -0,289 \\ -0,145 & 0,559 & 0,816 \end{pmatrix}$$

$$T_{GKS}^{Gelenk5} = \begin{pmatrix} 1 & 0 & 0 \\ 0 & 0,817 & 0,577 \\ 0 & -0,577 & 0,817 \end{pmatrix}$$

Durch diese Transformationen können die Einheitsvektoren der Streben in Maschinenkoordinatensystem Str_i in die Einheitsvektoren der Streben in Gelenkkoordinatensysteme Str_{i_GKS} umgerechnet werden.

$$Str_{i\_GKS} = \left(T_{GKS}^{Gelenki}\right)^{-1} \cdot Str_i \tag{38}$$

Die Auslenkung des neuen Einheitsvektors gegen die Z-Achse wird durch die Drehungen vom Kardangelenk verursacht. Dann kann man die Gleichungen mit Kardan-Winkel aufstellen, wobei die Lösungen α_i, β_i die gesuchten Winkel für jeweilige Gelenke sind.

2. Berechnungsweg für ψ

Der Winkel ψ beschreibt hier die Drehung der Strebe. Die Drehachse liegt an den Punkt R_i und wird als Normalevektoren zur von den Vektoren OP_i und R_iP_i gebildeten Ebene ermittelt. Dann berechnet man die Drehachse in anderen Position des Endeffektors nochmals. Die Drehung dieser beiden Achsen in YZ-Ebene der Strebenkoordinatensysteme sind die gesuchten Winkel. Die Strebenkoordinatensysteme werden von dem MKS durch eine Transformation T_{SKS} nach Euler-Winkel erzeugt, wobei diese Winkel bei der experimentelle Modalanalyse schon berechnet wurden.

3. Berechnungsweg für θ

Der Freiheitsgrad an dem Punkt R_i wird durch Winkel θ dargestellt. Man berechnet die Vektoren OP_i und B_iP_i, aus denen der gesuchte Winkel ergibt.

$$\theta = \arccos \frac{\overrightarrow{OP_i} \cdot \overrightarrow{B_iP_i}}{\left|\overrightarrow{OP_i}\right| \cdot \left|\overrightarrow{B_iP_i}\right|} \tag{39}$$

BEI GRIN MACHT SICH IHR WISSEN BEZAHLT

- Wir veröffentlichen Ihre Hausarbeit, Bachelor- und Masterarbeit

- Ihr eigenes eBook und Buch - weltweit in allen wichtigen Shops

- Verdienen Sie an jedem Verkauf

Jetzt bei www.GRIN.com hochladen und kostenlos publizieren